"中国名门家风丛书"编委会

主　编：王志民

副主编：王钧林　　刘爱敏

编委会成员（以姓氏笔画为序）

于　青　　王志民　　王钧林

方国根　　刘爱敏　　辛广伟

陈亚明　　李之美　　黄书元

编辑主持：方国根　李之美

本册责编：方国根

装帧设计：石笑梦

版式设计：汪　莹

中国名门家风丛书

王志民 主编　　　王钧林 刘爱敏 副主编

曲阜孔氏家风

孔祥林 著

人民出版社

总　序

优良家风：一脉承传的育人之基

王志民

　　家风，是每个人生长的第一人文环境，优良家风是中华优秀传统文化的宝库，而文化世家的家风则是这座宝库中散落的璀璨明珠。

　　历史上，中国是一个传统的农业宗法制社会，建立在血缘、婚姻基础上的家族是社会构成的基本细胞，也是国家政权的基础和支柱。《孟子》有言："国之本在家，家之本在身"，所谓中华文明的发展、传承，家族文化是个重要的载体。要大力弘扬中华优秀传统文化，就不可不深入探讨、挖掘家族文化。而家风，是一个家族社会观、人生观、价值观的凝聚，是家族文化的灵魂。

　　以文化教育之兴而致世代显贵的文化世家，在中华文明

发展史上，是一个闪耀文化魅力之光的特殊群体。观其历程，先后经历了汉代经学世家、魏晋南北朝门阀士族、隋唐至清科举世家三个不同发展阶段。汉代重经学，经学世家以"遗子黄金满籯，不如教子一经"的信念，将"累世经学"与"累世公卿"融二为一，成为秦汉大一统之后民族文化经典的重要传承途径之一。魏晋南北朝是我国历史上一个分裂、割据，民族文化大交流、大融合时期，门阀士族以"九品中正制"为制度保障，不仅极大影响着政治、经济的发展，也是当时的文化及其人才聚集的中心所在。陈寅恪先生说：汉代以后，"学术中心移于家族，而家族复限于地域，故魏、晋、南北朝之学术宗教皆与家族、地域两点不可分离"。隋唐以后，实行科举考试，破除了门阀士族对文化的垄断，为普通知识分子开启了晋身仕途之门。明清时期，科举更成为唯一仕进之途。一个科举世家经由文化之兴、科举之荣、仕宦之显的奋斗过程，将世宦、世科、世学结合在了一起，成为政权保护、支持下的民族文化及其精神传承的重要节点连线。中国历史上的文化世家不仅记载着中华文化发展的历史轨迹，也积淀着中华民族生生不息的精神追求，是我们今天应该珍视的传统文化宝库。

分析、探究历史上文化世家的崛起、发展、兴盛，尤其是其持续数代乃至数百代久盛不衰的文化之因，择其要，则

首推良好家风与优秀家学的传承。

优良家风既是一个文化世家兴盛之因，也是其永续发展之基。越是成功的家族，越是注重优良家风的培育与传承，越是注重优良家风的传承，越能促进家族的永续繁荣发展，从而形成良性的循环往复。家风的传递，往往以儒家伦理纲常为主导，以家训、家规、家书为载体，以劝学、修身、孝亲为重点，以怀祖德、惠子孙为指向，成为一个家族内部的精神连线和传家珍宝，传达着先辈对后代的厚望和父祖对子孙的诫勉，也营造出一个家族人才辈出、科甲连第、簪缨相接的重要先天环境和文化土壤。

通观中国历代文化世家家风的特点，具体来看，也许各有特色，深入观其共性，无不首重两途：一是耕读立家。以农立家，以学兴家，以仕发家，以求家族的稳定与繁荣。劝学与励志，家风与家学，往往紧密结合在一起。文化世家首先是书香世家，良好的家风往往与成功的家学结合在一起。耕稼是养家之基，教育即兴家之本。"学而优则仕"，当耕、读、仕达到了有机统一，优良家风的社会价值即得到充分的显现。二是道德传家。道德为人伦之根，亦为修身之基。一个家族，名显当世，惠及子孙者，唯有道德。以德治家，家和万事兴；以德传家，代代受其益。而道德的核心理念就是落实好儒家的核心价值观：仁、义、礼、智、信。中国传统

知识分子的人生价值追求及国家的社会道德建设与家族家风的培育是直接紧密结合在一起的。家风是修身之本、齐家之要、治国之基。文化世家的优良家风积淀着丰厚的道德共识和治家智慧，是我们当今应该深入挖掘、阐释、弘扬的优秀传统文化宝藏。

20 世纪以来，中国社会发生了巨大的质性变化：文化世家存在的政治、经济、文化基础已经荡然无存，它们辉煌的业绩早已成为历史的记忆，其传承数代赖以昌隆盛邃的家风已随历史的发展飘忽而去。在中国由传统农业、农村社会加速向工业化、城市化转变的今天，我们还有没有必要去撞开记忆的大门，深入挖掘这一份珍贵的文化遗产呢？答案应该肯定的。习近平总书记曾经满含深情地指出："不忘历史，才能开辟未来；善于继承，才能善于创新。优秀传统文化是一个国家、一个民族传承和发展的根本，如果丢掉了，就割断了精神命脉。"优秀的传统家风文化，尤其是那些成功培育了一代代英才的文化世家的家风，积淀着一代代名人贤哲最深沉的精神追求和治家经验，是我们当今建设新型家庭、家风不可或缺的丰富文化营养。继承、创新、发展优良家风是我们当代人必须勇于开拓和承担的历史责任。

在中华各地域文化中，齐鲁文化有着特殊的地位与贡献。这里是中华文明最早的发源地之一，在被当代学者称

为中华文明"轴心时代"的春秋战国时期，这里是中国文化的"重心"所在。傅斯年先生指出："自春秋至王莽时，最上层的文化，只有一个重心，这一个重心，便是齐鲁。"(《夷夏东西说》)秦汉以后，中国的文化重心或入中原，或进关中，或迁江浙，或移燕赵，齐鲁的文化地位时有浮沉，但作为孔孟的故乡和儒家文化发源地，两千年来，齐鲁文化始终以"圣地"特有的文化影响力，为民族文化的传承、儒家思想的传播及中华民族精神家园的建设作出了其他地域难以替代的贡献。齐鲁文化的丰厚底蕴和历史传统，使齐鲁之地的文化世家在中国古代文化世家中更具有一种历史的典型性和代表性，深入挖掘和探索山东文化世家对研究中国历史上的文化世家即具有一种特殊的意义和重大价值。

自 2010 年年初，由我主持的重大科研攻关项目《山东文化世家研究书系》(以下简称《书系》)正式启动。该《书系》含书 28 种，共约 1000 万字，选取山东历史上的圣裔家族、经学世家、门阀士族、科举世家及特殊家族(苏禄王后裔、海源阁藏书楼家族等)五个不同类型家族展开了全方面探讨，并提出将家风、家学及其与文化名人培育的关系作为研究的重点，为新时期的家庭教育及家风建设提供历史的范例。该《书系》于 2013 年年底由中华书局出版后，在社会上、学术界都引起了较大反响。山东数家媒体对相关世家的家风

进行了追踪调查与深度报道，人们对那些历史上连续数代人才辈出、科甲连第的世家文化产生了浓厚的兴趣；对如何吸取历史上传统家风中丰富的文化滋养，培育新时期的好家风给予了更多的关注与反思。人民出版社的同志抓住机遇，就如何深入挖掘、大力弘扬文化世家中的优良家风，培育社会主义核心价值观，重构新时代家风问题，主动与我们共同研究《中国名门家风丛书》的编撰与出版事宜，在全体作者的共同努力下，经过一年多的努力，终于完成。

该《中国名门家风丛书》，从《书系》所研究的 28 个文化世家中选取了家风特色突出、名人效应显著、历史资料丰富、当代启迪深刻的家族共 11 家，着重从家风及家训等探讨入手，对家族兴盛之因、人才辈出之由、优良道德传承之路等进行深入挖掘，并注重立足当代，从历史现象的透析中去追寻那些对新时期家风建设有益的文化营养，相信这套丛书的出版会受到社会各界的关注与喜爱！

2015 年 9 月 28 日
于山东师范大学齐鲁文化研究院

目　录

前　言

到过曲阜孔府的人，一定会对孔府大门的对联留下深刻的印象，因为这副对联太牛了！"与国咸休安富尊荣公府第，同天并老文章道德圣人家"，而且上联还别出心裁地省去"富"字顶上那一点，据说是"富贵无头"，下联"章"字的最后一笔上伸到"立"字下面的那一横，寓意"文章通天"。毫无疑问，这副对联是天下第一家在中国封建社会的真实写照，人们可能认为那也太过炫耀了吧？其实它不仅仅是在炫耀，还是主人在宣示要继承"文章道德"的圣人家风。

孔子曾经教育他的儿子孔鲤"不学诗，无以言"，"不学礼，无以立"，从此学诗学礼就成为孔子后裔的祖训，诗礼传家也就成为孔氏家族的家风。不论二堂内高悬的清乾隆皇帝题颁的"诗书礼乐"匾额，还是堂内树立石碑上镌刻的咸丰皇帝赐给的"诗礼泽长庭有训"诗

孔府大门區联

句，无不寄托着国家对孔子子孙学诗学礼的殷切期望；不论是忠恕堂衍圣公孔庆镕撰题的"恩眷龙光精勤匪懈惟就学，祖谟燕翼大成似续在横经"对联，还是末代衍圣公孔德成学屋悬挂的"东趋家庭学诗学礼承旧业，西瞻祖庙肯堂肯构属何人"的对联，无不昭示着孔子裔孙承继孔子事业的坚定决心。

孔子删《诗》、《书》，订《礼》、《乐》，系《周易》，作《春秋》，创立了博大精深的儒家思想。首创私学，既是为了培养能够推行自己政治主张的人才，也是为了能够将自己的思想流传千秋万代。在儿子早逝、颜回等优秀弟子先他而去的时候，是年幼的孙子孔伋给了孔子最大的安慰。孔伋因为经常听到孔子"其父析薪，其子弗克负荷，是谓不肖"的教诲而"大恐不懈"，使孔子带着"世不废业，其克昌乎"的信念离开了人间。孔伋没有违背对祖父的承诺，他继承并发挥了孔子的思想，传道孟子，使孔子思想进一步发扬光大。终于在孔子去世三百多年以后，孔子的思想成为中国的指导思想，并"乘桴浮于海"，成为朝鲜、越南、日本等近邻国家的指导思想，世界的显学，东方文化的标志。

"不学诗，无以言"，孔子裔孙牢记孔子教诲，潜心以《诗》为代表的儒家经典，世代业儒，遍研群经，亲子相传，子弟互为师友，著述汗牛充栋，有成就者代不乏人。汉代孔安国、孔霸、孔光，晋代孔衍，唐代孔颖达，宋代孔平仲兄弟，清代孔继涵、孔继汾、孔广林、孔广森父子兄弟，蔚为一代经学大家。

"不学礼，无以立"，孔子裔孙牢记孔子教诲，恪守以《礼》为代表的伦理道德和礼仪规范，信奉"礼门义路家规矩，智水仁山古画图"，信守孝悌忠信，礼义廉耻，好礼尚德，尊贤重士，督率急公，和族睦邻，节制财用，屏绝邪教，禁止棋牌赌博，反对斗殴健讼，循礼守法，成为百姓的榜样。

孔子首创私学，子孙严教勤读。各地族人纷纷兴办学校，奖励教育，国家给予优待，建学设师，赐田拨粮，定额秀才，特设举人，致使孔氏家族教育隆盛。兄弟状元，十三世进士，30万子孙中就有进士、举人和庠生五千余人，比例高达1.7%，成为科举最为兴盛的家族。

学诗学礼的祖训，礼门义路的家风，重视教育的传统，致使孔氏家族人才辈出，学术发达，文化繁盛。子孙中孔伋、孔安国、孔颖达、孔广森经学树帜，孔融、孔尚任文学各擅，孔奋、孔宗旦、孔繁森奋身报国，孔光、孔道辅一时名宦，孔伯华一代名医，外迁孔昭父子宰相，朝鲜望族。汉代经学昌明，南朝经史兼修，唐宋经文并重，明清经文兴盛，并有清代才女世出，女性文学群体延续二百余年。20

世纪以前，子孙著述千余种，作者三百多人，孔氏子孙不愧是文化家族。

　　"礼乐传家久，诗书继世长"，孔子裔孙仍然恪守着孔子遗训，如此春联就是他们的心声。

一、诗礼垂训万世师

至圣孔氏诗礼传家的家风，一般认为来自孔子对儿子孔鲤学诗学礼的教诲，其实，孔子不但言传，而且身教，他好学不倦，重教创学，整理文献，不仅留给子孙好学的精神，重教的传统，还给子孙留下众多学习传承的经典。

（一）学诗学礼垂遗训

孔氏家族学诗学礼的祖训来自孔子对儿子孔鲤的教育。

据《论语》记载：孔子的弟子陈亢曾经问孔子的儿子孔鲤，孔子是否对他有过特别的教育。孔鲤刚回答说没有，马上就想起父亲曾经教育过他的两件事："有一次夫子在堂前独自站立，我有事要到对面去，就恭敬地小步快走，从夫子

孔子燕居像

孔子教育孔鲤学诗学礼

面前经过时，夫子叫住我，问我学习《诗》了没有，我说还没有，夫子说'不学诗，无以言'，我于是回去就学习《诗》；后来又有一次，夫子又叫住我，问我学习《礼》了没有，我说还没有，夫子说'不学礼，无以立'，于是我回去就读《礼》。"听了孔鲤的回答，陈亢非常高兴地说："我本来想问一个问题，却知道了三件事：听到了学诗，听到了学礼，还知道了君子对待儿子的态度。"

"不学《诗》，无以言"，不学习《诗经》就不能说话，我们可能觉得不可思议，但在孔子生活的时代，上层社会进行外交活动或雅集时，发表意见不能直抒其意，而是要吟诵合适的《诗经》诗句委婉进行表达，不熟读《诗经》是无法参加上流社会的活动的。在《左传》中，记录外交活动中引用《诗经》诗句的例子比比皆是，而评价引用《诗经》是否恰当的例子也很多。

鲁昭公元年（前541）四月，晋国大夫赵孟、鲁国大夫叔孙豹、曹国大夫等到了郑国，郑简公一块招待他们。郑国子皮提前告诉赵孟，礼节完毕后请他吟诵《匏叶》诗，接着将赵孟吟诵的诗告诉叔孙豹。赵孟为主宾，行礼已毕，开始宴饮，叔孙豹首先吟诵了《鹊巢》诗："维鹊有巢，维鸠居之。之子于归，百两御之"，诗意是"喜鹊筑了巢，布谷飞来住。姑娘要出嫁，百两马车来迎她"，赞扬晋国使各国获得安宁，赵孟马上说："我不敢当啊！"叔孙豹又吟诵了《采蘩》诗："于以采蘩，于沼于沚。于以用之，公侯之事"，诗意是"去采蘩草何处有？去湖边，去沙洲。什么地方使用它？公侯祭祀时"。接着说："小国奉上菲薄的蘩草，大国节省爱惜地使用它，小国怎敢不服从大国的命令？"子皮随之吟诵了《野有死麕》的最后一章，"舒而脱脱兮，无感我帨兮，无使尨也吠"，诗意是说"慢一点，轻一点，不要动我的围裙，不要引得小狗叫起来"。最后赵孟吟诵了《常棣》诗："常棣之华，鄂不韡韡。凡今之人，莫如兄弟"，诗意是说"棠棣开了花，花朵很鲜明。凡是现在的人，亲爱若弟兄"。接着说："我们兄弟亲密又安好，可以不让狗叫了！"叔孙豹、子皮和曹国大夫都站起来下拜，举起牛角杯说："小国依靠您，知道免于罪过了！"这场酒喝得很高兴，赵孟出来说，"我不会再有这样的快乐了"。吟诵合适的《诗》，既可以很好地表达各自的意见，还能够促进国家的友好关系。

晋国赵孟出使楚国，楚国令尹（宰相）公子围招待他，吟诵了《大明》诗的第一章，"明明在下，赫赫在上。天难忱斯，不易维王。天位殷适，使不挟四方"，意思说"皇天伟大光辉照人间，光采卓异显现于上天。天命无常难测又难信，国王做好也很难。天命嫡子帝辛居王位，终又让他失国丧威严"。赵孟吟诵了《小宛》第二章:"人之齐圣,饮酒温克。彼昏不知,壹醉日富。各敬尔仪,天命不又",诗意说"聪明智慧的人,饮酒也能沉稳。可是那些糊涂人,每饮必醉日日甚。请各自重慎举止,否则天不保佑你"。事后赵孟对叔向说:"令尹自以为是国王了,怎么样?"叔向回答说:"国王弱小,令尹强大,也许可以成功吧。虽然可以成功,但不能善终。"赵孟问为什么,叔向说:"强大的战胜弱小的却心安理得,这是强大方面不符合道义。不符合道义却很强大,他灭亡一定很迅速。"从吟诵《诗》就可以推测事情的发展及结果,可见学《诗》是何等重要!

《诗经》不仅在外交活动中具有重要作用,而且对人的成长也非常重要。孔子曾经教育弟子们说:学习《诗》,可以培养联想力,可以提高观察力,可以培养合群性,可以学习讽刺方法,近可以奉事父母,远可以奉事国君,而且还可以多认识鸟兽草木的名字。孔子还曾教育儿子孔鲤说:你读《周南》和《召南》了吗?一个人如果不读《周南》、《召南》,就像面对着墙傻站着一样。《周南》和《召南》是《诗经》的最前面两部分,分别是周公和召公封地的民歌,其中也有爱情的内容,儒家认为这两部分是"人伦之基"、"王化之始"。

《诗》具有如此众多和重要的作用,这就难怪孔子如此重视《诗经》，教育儿子"不学《诗》，无以言"。

礼最初的意思就是敬神，人类早期的敬神活动主要是由家族举行的，祭祀时要有程序，还要长幼排序，这就产生了最初的礼。随着社会的发展，祭祀仪式逐渐程序化，为了强调人与人之间的差别，突出尊卑长幼观念，于是开始制定详细的礼，儒家推崇的周公制礼作乐就是对宗法等级制度的补充和完善，祭祀的礼节发展为社会的礼仪制度。

春秋时期，宗法制度受到冲击，呈现了礼崩乐坏的局面。为了重整社会秩序，孔子想用传统的礼来拨乱反正，尽管他也深知，传统的礼是没有能力来解决当时的混乱局面的，而且传统的礼也并不完全符合孔子的思想，但传统的礼还是有一定的号召力，于是孔子借用传统礼的形式加进自己的思想，将其改造为密切伦理关系、调整社会关系、改善社会关系的工具。

孔子认为礼不仅仅是祭祀的祭品，"礼云礼云，玉帛云乎哉?"礼难道只是说祭祀用的玉器和丝帛吗? 礼应该是什么? 孔子在这里没有说。孔子的另一段话可以给我们以启示:"人而不仁如礼何?"人如果没有仁德，怎么使用礼呢? 仁才是礼的根本。所以弟子颜渊问仁时，孔子说:"克己复礼为仁。一日克己复礼，天下归仁焉。"克己复礼的目的就是培养自己的仁德，复礼是手段，培养仁德才是目的。对礼的作用，孔子的弟子有若说得很清楚，"礼之用，和为贵，先王之道斯为美，小大由之，有所不行。知和而和，不以礼节之，亦不可行也"，礼的使用以和为贵，这是先王之道最好的地方，大事小事都由此而行，当然也有行不通的地方。但是为了和而和，不用礼来节制，也是不行的。礼的用途在于和顺人心，增加社会和睦。与传统的礼相比，孔子强调的礼更加突出了孔子的思想。

孔子非常重视礼的作用。在治国上："道之以政，齐之以刑，民免而无耻；道之以德，齐之以礼，有耻且格。"用政令来治理，用刑法来整顿，人民可以免于犯法但无羞耻之心；用道德来治理，用礼来整顿，人民不仅能免于犯法，而且有羞耻之心还能诚心归服。管理者要依礼而行，崇尚礼，人民就不敢不尊敬，就不敢不尽自己的本分，"上好礼，则民莫敢不敬"，"上好礼，则民易使也"；要以礼让治国，礼让治国是很容易治理好国家的，"能以礼让为国乎，何有？不能以礼让为国，如礼何？"正是在孔子思想的影响下，中国历史上形成了德治、礼治、法治三结合的治国传统，这种最优秀的治国方式促使中国在近两千年里一枝独秀，经济长期昌盛，文化不断繁荣，大一统国家不断巩固和发展。在政治上，国君要依礼使用臣子，"君使臣以礼"；臣子要按照礼节服事国君，"事君尽礼"。在家庭中，生养死葬和祭祀都要循礼而行，"生，事之以礼；死，葬之以礼；祭之以礼"，只有这样，才能称得上是孝。在学习上，"兴于《诗》，立于礼，成于乐"，以《诗》兴起，以礼立身，以乐完成。在行事上，要依礼做事，"君子义以为质，礼以行之，孙以出之，信以成之"，以合宜为原则，按礼去做，用谦逊的言语去说，用诚实的态度去完成。在修身上，"不知礼，无以立也"，不知道礼，就无法做人。只有知礼并以礼来约束自己才不会离经叛道，"君子博学于文，约之以礼，亦可以弗畔矣夫"。孔子以此教育弟子，颜渊就曾喟然感叹地说："夫子循循然善诱人，博我以文，约我以礼，欲罢不能"。礼对人非常重要，即使是美德也必须受礼的节制，"恭而无礼则劳，慎而无礼则葸，勇而无礼则乱，直而无礼则绞"，恭敬而没有礼就会劳累不安，谨慎而没有礼就会畏怯懦弱，勇敢而没有礼就会闯祸添乱，正直而没有礼就会急切伤人。礼如此重要，所以孔子要求"非礼勿视，非礼勿听，非礼勿言，非礼勿动"，不合乎礼的事情不看、不听、不说、不做。

礼具有如此重要的作用，难怪孔子如此重视礼，教育儿子"不学礼，无以立"。

《孔子家语》还记载孔子教育儿子孔鲤要通过学习提高自己。孔子对孔鲤说："鲤啊！我听说能够使人整天都不厌倦的一定是只有学习吧！容貌体态不值得向人炫耀，勇敢力大不值得让人畏惧，祖先不值得向人赞誉，宗族姓氏不值得称道，最终能够有好名声传遍四方并流誉后世的难道不是学习的结果吗？所以君子不能不学习，容貌不能不修饰，不修饰就不会有好容貌，没有好容貌就会失去亲情，失去亲情就会不忠诚，不忠诚就会失去礼仪，失去礼仪就不能立身。使人在远处就有光彩的是修饰，使人愈近愈明亮的是学习。譬如水池，雨水汇流到里面，荻草芦苇就会生长，假设有人来看，谁又知道它的源头呢？"通过学习来端正自己，学习才能显闻四方，才能流传后世。

从此以后，孔子后裔就以"学诗学礼"作为祖训，以诗礼传家、端正自己作为家风。当然，"诗"已经不仅仅是《诗经》，而是以《诗经》为代表的儒家经典和传统的思想文化；"礼"也不仅仅是礼仪方面的典籍，还包括以礼为代表的传统伦理道德。因为社会礼仪制度经过长期的使用逐渐成为人们的行为准则，行为准则又逐渐发展成为人们的道德规范，礼也就成为伦理道德的一个组成部分。

（二）好学善学树典型

孔子成名后，太宰问孔子弟子子贡说："孔夫子是位圣人吗？为什么他这样多才多艺呢？"子贡回答说："这本是上天让他成为圣人的，所以又使他多才多艺。"孔子听说这事后说："太宰知道我啊！我少时贫贱，所以才学会了不少卑贱的技艺。君子们会这么多技艺吗？是不会有这么多的。"孔子并不承认自己是天生的圣人，而是艰难困苦的环境造就了他，使他多才多艺的。

孔子是鲁国人，祖先是商代天子。周武王推翻商朝后，封商代天子的后裔也就是孔子的先祖为宋国国君。孔子的十世祖不再担任国君，成为宋国的贵族。六代祖孔父嘉在宋国的内乱中被杀，儿子木金父逃奔到鲁国。从国君宋湣公到孔父嘉（名嘉，字孔父）已经过了五代，按照当时规定，五世亲尽，可以另行立氏，就用孔父嘉的孔字作为家族的氏，也就是后世的姓。

木金父逃奔到鲁国后，社会地位降低，孙子防叔曾经担任鲁国防邑的大夫，家族略有起色，到孔子的父亲叔梁纥时才在社会上有了名气。

叔梁纥是春秋时期著名的战将，力大善战，屡立战功。《左传》曾记载他在偪阳之战中力托悬门救出入城的军队，在防邑之战中闯进齐军重重包围的防邑救出守城主将后再返回防邑坚守。叔梁纥虽然屡立战功，但终生也不过是鲁国的一个中级官员，只做到鄹邑大夫，一个小城邑的主管。

尼山夫子洞——孔子出生处

叔梁纥先娶施氏，生了九个女儿，小妾生子孟皮却是个瘸子。一个瘸子作为继承人有失家族的体面，叔梁纥六十多岁时求娶颜家三女颜征在。婚后好长时间没有生子，叔梁纥就与颜征在一起到附近的尼丘山祈祷。孔子出生时头顶中间低四周高，很像尼丘山形，因此取名孔丘，字仲尼。

孔子 3 岁时，父亲去世，母亲颜征在带着年幼的孔子迁到离尼山二十多公里的鲁国都城内居住。年幼的孔子很懂事，做游戏都是摆上祭祀使用的礼器，像模像样地模仿大人磕头行礼。

不幸总是相连的。孔子 17 岁时，母亲也去世了，他只能自己谋生。由于家景贫寒，饱受世人的白眼。鲁国执政大夫季孙氏设宴招待武士，孔子出身武士家庭，当然可以赴宴，可是一到季孙氏家的大门，就被季孙氏的家臣阳虎拦住了："季孙氏招待武士们，可不敢招待你"，孔子只好一言不发地返回去。

孔子晚年自述说"吾十有五而志于学"，"发愤忘食，乐以忘忧，不知老之将至"，他从 15 岁就立志学习，一生都在如饥似渴地追求知识。在长期的学习过程中，孔子提出了每事问、时习总结、学思结合、举一反三、不耻下问等学习方法。

一是坚持自学。从现存的文献看，孔子的学习主要是靠自学。青年时期，谋生之余，孔子的主要精力是学习。他自述"学如不及，犹恐失之"，学习如同拼命地追赶知识，生怕赶不上，学到了还怕记不牢再丢掉。因此，他对时间非常重视，看到一去不复返的河水就联想到飞逝的时间，"子在川上曰：'逝者如斯夫，不舍昼夜'"，教育弟子珍惜时间。弟子宰予白天睡大觉，孔子就骂他是"朽木不可雕也"。

　　鲁国先进的文化为孔子自学提供了优越的条件。鲁国古代就是东方文化的中心之一，相传炎帝、少昊在此建都，黄帝出生于城东的寿丘，舜也曾在此制作陶器。西周初年大封天下，鲁国是武王之弟周公姬旦的封地。周公辅佐武王消灭商朝，辅佐成王平定天下，制礼作乐，制定了周代的国家制度，功劳巨大，封地也大。虽然周公因辅佐成王没有到鲁国就封，派儿子伯禽就任，但和齐国一样都是当时最大的国家。初封时，分给"祝宗卜史，备物典策，官司彝器"，文化就很发达。周公死后，为褒奖周公功绩，成王特命鲁国郊祭文王，特许使用天子礼乐，这是周朝首都镐京以外唯一可以使用天子礼乐的国家，鲁国成为和周代京师一样文化最为发达的地方。到春秋时期，礼崩乐坏，唯有鲁国还保存了丰富的古代文化。鲁襄公二十九年（前544），著名的吴国公子季札出使鲁国，请求观看周代乐舞，鲁国乐工为他演奏了《周南》、《召南》等几乎全部《诗经》记载的乐歌，表演了文王乐舞"像箾"和"南籥",武王乐舞"大乐",商汤乐舞"韶濩",夏禹乐舞"大夏",虞舜乐舞"韶箾"等,由此可见,鲁国保存的古代文化多么丰富。昭公二年(前540),晋国韩宣子到鲁国,"观书于太史氏,见易象与鲁春秋",不禁发出了"周礼尽在鲁矣"的感叹。

二是学无常师。孔子是自学成才的,他没有专门的老师,谁有专长他就向谁学习。他曾向苌弘学习音乐,向师襄学习弹琴,向老子请教礼仪,向郯子请教古代官制。向郯子问礼是孔子青年时期唯一具有确切纪年的事情。鲁昭公十七年(前525),郯国国君郯子到鲁国访问,鲁国执政大夫叔孙昭子问起少昊以鸟名为官名的问题,郯子讲了黄帝、炎帝、共工、太昊、少昊的官制。孔子听说后,专门去向郯子请教,了解了许多古代历史传说,事后他赞叹说:"吾闻之,'天子失官,学在四夷',犹信!"天子失去了学官,学问就到了边远的小国,这话是真的啊!这年,孔子27岁。

三是每事问。孔子主张学习要每事问,对不懂的问题必须要问,"知之为知之,不知为不知,是知也",知道的就是知道的,不知道的就是不知道,这就是知识,不能不懂装懂。不懂的地方就要向懂得的人请教,请教问题不要计较被请教人的地位、身份、年龄,要"不耻下问"。孔子到了太庙,看到的事情都要问,以至于别人认为他不懂得礼仪,

问礼老子

"孰谓陬人之子知礼乎？入太庙，每事问"。谁说陬人的儿子懂得礼仪，进入太庙每事都要问，孔子说，这就是礼，不懂的地方就要问。有个乡野之人提了个问题，孔子本来不懂，他就从问题的首尾两头去问他，最后不仅自己懂得了这个问题，增长了知识，还帮助别人解决了难题。

四是随时随地向人学习。孔子处处时时虚心好学，从不放过任何一个可以学习的机会，他说"三人行，必有我师焉。择其善者而从之，其不善者而改之"，"见贤而思齐焉，见不贤而内自省焉"，他是这样说的，也是这样做的。与别人一起唱歌，别人唱得好听，就一定请人再唱一遍，自己跟着学。

五是追根究底。孔子向鲁国乐师师襄学习弹琴，接连十天他都是老练一个曲子，师襄说可以改换别的曲子了，孔子说"我已经熟悉了这个曲子，但还没有掌握技巧"。过了一段时间，师襄说"已经掌握技巧了，可以换个曲子了"，孔子说"还没有领会曲子的志趣"。又过了一段时间，师襄劝他说"已经领会了志趣，可以换了"，孔子说"还没有体察到作者的风范"。再过了一段时间，孔子才主动停止了练习，肃穆沉思，怡然高望，显出志向远大的样子说："我体会到作曲的是个什么样的人了，他肤色黝黑，身材修长，眼睛明亮，目光深邃，好像是一个统治四方的君主，不是周文王又有谁能作此曲呢?"师襄大吃一惊,起身离开座位再拜说:"我老师说这是《文王操》。"学习弹琴不仅熟悉乐曲,还要掌握技巧,领会乐曲志趣,体察作者风范。

六是时习总结。学习是一个把外在知识转化为内在能力的过程。这样一个过程漫长而复杂,因此,不可能一时一地将所有的知识全部内化为自身的能力,而要经过长期的不断地积累,这就需要对已学过的知识不断进行复习总结。所以孔子说"学而时习之","温故而知新",不断地复习学习过的内容,当然这种复习不是机械的重复,也不是简单的重复记忆。每次复习都要有不同的角度、不同的重点、不同的目的,这样每次复习才会有不同的感觉和体会,一次比一次获得更深的认识,知识的学习与能力的提高就是在这种不断的重复中得到升华。

七是学思结合。孔子说"学而不思则罔,思而不学则殆",对"学"与"思"的辩证关系作出了十分精辟的论述。"学"就是要占有知识材料,"思"就是对看到的知识材料进行分析思考。"学"是"思"的基础,只有不断地充实新的知识,思考才能有所依据,才能不至于陷入毫无根据的臆想,所以孔子又说,"吾尝终日不食,终夜不寐,以思,无益,不如学也",整天不吃饭、整夜不睡觉地去思考问题,没有任何益处,不如去学习。"思"是"学"的灵魂,在学

习中，知识固然重要，但更重要的是驾驭知识的头脑。如果一个人不会思考，他只能做知识的奴隶，知识再多也无用，而且也不可能真正学到好知识，产生新的思想和新的知识。

孔子好学善学，终身学习，为孔氏后人也为中国人提供了自学成才的榜样。

（三）创学施教遗师范

孔子创办私学的具体时间不详，已知最早接受弟子是在鲁昭公二十四年。鲁国三家执政大夫之一的司空孟僖子病重，临死前安排后事，要儿子孟懿子和南宫敬叔兄弟二人向孔子学习礼仪。孟僖子死后，孟懿子兄弟二人就遵照父命去拜孔子为师。

孔子是中国历史上也是世界历史上第一个伟大的教育家，他提倡有教无类，首创私学，广收门徒，弟子三千，贤人七十，培养了一大批德才兼备的政治人才；他一生诲人不倦，积累了丰富的教育经验，创造了科学的教育方法和教育方式，创立了完整的教育理论，为继承、发展和传播古代文化作出了重大贡献。孔子的教育主张、教育目的、教育方法，直到今天仍然闪耀着智者的光辉。

首创私学

孔子主张"有教无类",教育不分富贵贫贱,每个人都可以教育,每个人也都有接受教育的权利。有教无类在当时是一个革命性的口号,它打破了贵族对教育的垄断、对文化知识的垄断。孔子以前,教育主要是官办和自办,"古之教者,家有塾,党有庠,术有序,国有学",但到孔子生活的时代,官办教育已经衰落,教育主要在贵族中进行,贵族有能力开办家塾,平民是办不起家庭学校的,奴隶更没有受教育的资格。孔子不仅提出"有教无类"的主张,而且付诸实施,他首创私学,将教育扩大到民间,将受教育的对象扩大到平民子弟。孔子三千弟子中,虽然有贵族子弟如南宫敬叔、司马牛,富商巨贾如子贡,但更多的是出身低微的平民、贱人和野人。孔子最喜欢的弟子颜回一箪食、一瓢饮、家住陋巷,是个平民;著名弟子子路戴着雄鸡冠的帽子,佩着公猪皮装饰的宝剑,穿着以乱麻为絮的袍子,是个野人。当时有人就说"夫子之门何其杂也",子贡解释说:君子端正自己以待求学的人,想来学习的人不拒绝,想走的人不挽留。好医生门前当然病人多,加工平直的木头旁边当然弯曲的木头多,所以孔子的弟子才这样杂。孔子确实是实践了自己有教无类的主张的。

"有教无类"充分表现了孔子思想的人民性和民主性,是孔子"泛爱众,而亲仁"仁爱思想的具体实践。孔子有教无类的教育主张是中国教育史、文化史上的划时代的革命性口号，孔子有教无类的实践是中国教育史、文化史上的革命性的创举，孔子有教无类的主张和实践开创了文化下移和教育普及的道路，为传统文化的广泛传播，为中国的进步和发展都作出了重大贡献。

孔子对于自己创办教育的目的没有明说，弟子子夏道出了孔子兴办教育的真实目的——"学而优则仕"。孔子确实是提倡"学而优则仕"的，他说先学习礼乐而后做官的是平民，先有了官位而后学习礼乐的是贵族子弟，如果选用人才，我选用先学习礼乐的人为官。实际上就是主张学而优则仕，将学习与做官联系起来。孔子的观点在当时是一个革命的口号。孔子时代采用的主要是世袭世禄的制度，官位由贵族世袭，像当时的鲁国，司徒、司空、司马分别由季孙氏、孟孙氏和叔孙氏家族世袭，鲁国的权力就由这三家贵族把持。孔子主张学而优则仕，使学习成绩优秀的平民子弟能够做官从政，这就打破了贵族世袭世禄的制度，进步性、革命性是不言而喻的。孔子鼓励学生们努力学习，不必担心没有官做，不要担心没有人了解自己，学好本领自然就有人赏识你，自然就有官做。孔子也按照学而优则仕的目标去培养弟子，季康子曾经问孔子，弟子仲由、端木赐、冉求可以从政为官吗？孔子回答说：子路处理事情果断，从政有什么困难？端木赐通情达理，从政有什么困难？冉求多才多艺，从政有什么困难？对弟子们的才干，孔子是非常自信的。孔子确实是培养了一大批人才，许多弟子或早或迟参加了政治活动，孔子在世时，冉求、子路、子游、子贡、宓子贱等人已经走上政治舞台，显示了卓越的从政能力。弟子子路任蒲地的行政长官，孔子一进入他的辖区就再三称赞，子贡感到不理解，还没有看到子路如何处理政务就先称赞起来了。孔子说：入其境，土地平整，沟渠通畅，荒地开垦，说明子路为政认真诚信，老百姓尽力；入其城，城墙和房屋坚固，树木茂盛，说明子路为政忠信宽厚，民风淳朴；入其官衙，门内清静，工作人员尽心尽力，说明子路为政没有扰民。孔子的弟子们确实是卓有才干，推行了孔子的政治主张。孔子去世后，弟子们"散游诸侯，大者为师傅卿相，小者友教士大夫"，在各诸侯国担任了高官，在学术上儒分为八，形成了八个不同的流派，可以说，不论在政治上还是在学术上都形成了强大的儒家集团，孔子思想之所以产生这么多的影响，孔子的弟子们也发挥了很大作用。

"学而优则仕"的教育主张，有利于推行贤人政治，改良社会，它与孔子的举贤才思想是一致的，反映了封建制兴起时的社会需要，打破不学而仕的世袭制，为平民从政开辟了道路，也为中国历史上千余年的文官主政开辟了道路。孔子的学而优则仕主张在历史上发挥了重要的作用，中国、朝鲜、越南和日本历史上都曾经长期实行科举制度，把学习与出仕做官联系起来，形成了悠久的文官主政传统，既促进了文化的发展，也促进了社会的进步。

在长期的教学实践中，孔子采用灵活多样的教学方式，因材施教，教学相长，循序渐进，循循善诱，举一反三，不悱不启，创造了一系列科学的教育方法，为后人留下了一份宝贵的遗产。

一是因材施教。教学活动不同于一般的生产活动，它的教育对象是各个不同的有着独立意识的人，孔子有教无类，弟子的智力、性格、志趣千差万别，这就决定在教学活动中不能采用同一种方式、方法同时教育好所有的受教育者。孔子很早就注意到这一点，创造性地施行了因材施教的教学方法。

孔子说：中等水平以上的人可以告诉他高深的学问，中等以下的人不能告诉他高深的学问。孔子并非要把人分成三六九等，而是根据学生资质上的差异进行不同的教育。孔子说：高柴愚笨，曾参迟钝，颛孙师偏激，子路鲁莽。孔子是很了解弟子的，当然要根据弟子的智力、性格进行有针对性的教育。《论语》记载，子路问孔子听到后就去做吗，孔子说有父亲和兄长在，怎么能听到后马上就去做呢？冉求又问同样的问题，孔子告诉他听到后马上就去做。这使一旁的公西华大为不解，同样的问题，老师的答案怎么不一样呢？孔子告诉他：冉求做事胆子小，我就教他凡事要果断，听到了就马上去做；子路胆子大，我怕他冒失惹祸，就教他遇事先同父兄商量；这是孔子因材施教的一个非常好的例子。为了更好地因材施教，孔子经常了解弟子的志趣，《论语》记载孔子曾要子路、冉求、公西华、曾点谈志向，要颜渊、子路谈志向，《孔子家语》记载孔子要子路、子贡、颜渊谈志向。师徒谈论志向使孔子了解了弟子，也使孔子能够有针对性地进行因材施教的教育。

二是启发式教学。孔子教育学生不是采取简单灌输的方式，而是采用启发式教学。他说，不到学生思考后仍不得要领时不去开导他，不到学生想表达而苦于说不出来的时候不去启发他，如果学生不能举一反三就不再勉强教下去。孔子教育弟子要独立思考，要触类旁通，闻一知二，闻一知十，告诉过去的事情就能推知将来。

三是循循善诱。孔子积极引导弟子潜心向学，"知之者不如好之者，好之者不如乐之者"。教育弟子们不要贪图安逸，激励弟子积极向上，追求仁德。孔子以颜回为例教育弟子要安贫乐道好学，鼓励弟子努力上进，赞扬颜回说我只见他不断地前进，从没有见他停滞不前。难怪弟子颜回说：孔子循循善诱，用文化知识来充实我，用礼仪来约束我，引导得我想停都停不下来。

四是教学相长。孔子提倡相互切磋，共同讨论，《论语》中的许多篇章都是这种讨论切磋的记录。在学习中，孔子鼓励弟子们勇于发问，不说怎么办怎么办的人，我也不知道怎么办了。颜回虽是孔子最喜欢的弟子，但不好提问，孔子就批评他不是对自己有帮助的人。子夏提问后，孔子就表扬他对自己大有启发。孔子之所以采用教学相长的方法，首先在于孔子对受教育者的重视，对年轻人的重视，他说年轻人是可畏的，你怎么知道后人不如现在的人呢？

五是举一反三。子贡问贫穷却不巴结、富有却不骄傲怎么样？孔子说可以，但不如贫穷而快乐、富有而好礼。子贡说《诗经》"如切如磋，如琢如磨"就是这个意思吧，孔子高兴地说可以和你讨论《诗经》了，你能举一反三了。

六是进行针对性教育。孔子教育非常具有针对性，弟子问仁、问孝、问政、问君子，孔子几乎没有一个相同的答案。颜渊问仁，孔子的答复是克己复礼，克制自己，使自己的行为符合礼仪的规定这就是仁。子贡问仁，孔子告诉他要想做好自己的工作，一定要先准备好自己的工具，居住在一个国家，要在品德高尚的大夫手下做事，同有仁德的士交朋友。子张问仁，孔子告诉他能将恭、宽、信、敏、惠推行天

下就是仁。即使是同一个人问同样的问题，孔子也会给出不同的答案。樊迟两次问仁，孔子一次答复是爱人，一次是平时举止端庄严肃，工作严肃认真，对别人忠心诚意，就是到了落后地区也不能丢弃这些美德。《论语》中没有记载孔子与弟子问答的背景，难以理解孔子的针对性；《史记》记载司马牛多言而躁，向孔子问仁时孔子借机教育他说话要很难，司马牛又问说话很难就是仁吗？孔子说做事不容易，说话能不很难吗？季康子问政，孔子说："政者，正也。子帅以正，孰敢不正？"针对性也是很强。季康子以大夫而执鲁国国政，鲁公成了傀儡，当然就名不正言不顺，己不正难正人，你自己带头行正道，谁还敢不正呢？

七是创建和谐的教育环境。历代推崇孔子及其思想，将孔子进行神化，而历代艺术家创造的孔子形象也是严肃端庄，不苟言笑。其实。孔子是一个很和善的长者，幽默健谈，与弟子们关系非常融洽。陈蔡绝粮，七天七夜都吃不上饭，弟子们饿得爬不起来，有的弟子开始怀疑孔子的思想，建议孔子降低自己的标准以适应社会，独有颜回认为社会难以接受孔子的政治主张，这不是孔子的过错，是执政者的耻辱，孔子非常高兴，对颜回开玩笑说：颜家的小子，老天让你发财，我给你做管家。《论语》还记载，子游任武城的行政长官，孔子带领弟子们来到武城，听到弦歌之声，孔子很

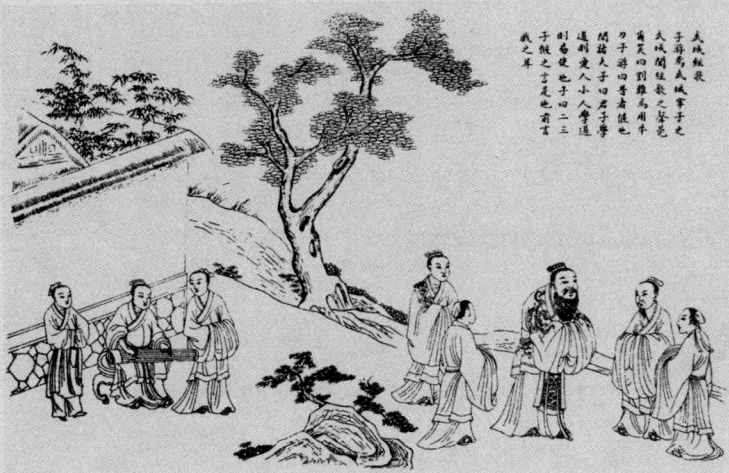

高兴，说"割鸡焉用牛刀"，子游说："过去我听老师说，'君子学道则爱人，小人学道则易使也'，我用道来治理武城不对吗？"孔子马上承认自己的话说错了，对弟子们说：言偃的话是对的，刚才我是开玩笑。弟子子贡好议论别人，孔子对他说："你什么事情都做得那么好吗？评论别人，我可没有那闲工夫。"

孔子创学设教，为子孙树立了尊师重教的榜样，促成了孔氏家族重视教育的传统。

（四）删述"六经"传经典

中国自古善于保存历史文献，但到春秋时期，礼崩乐坏，历史文献也受到破坏，许多已经散失。为了教学的需要，孔子早在中年时期就开始整理历史文献。周游列国，人们多认为孔子是为了宣传自己的思想，寻找推行自己政治主张的机会，其实周游列国更应该是为了搜集各地历史文献和民歌，调查了解各地的民俗文化，周游列国活动的范围正是《诗经》15 国风除齐、魏、秦、豳外 11 国和全部三《颂》产生或保存的区域。如果仅仅是为了宣传和寻找机会，孔子根本没有必要在六七个国家逗留 13 年。晚年回归鲁国，孔

删述"六经"

子集中精力，对古代文献进行了全面系统的整理，后人将他整理古代文献的工作称之为删《诗》、《书》，订《礼》、《乐》，系《周易》，作《春秋》，后人称其为"六经"。

孔子删述的"六经"中《乐经》已经失传，其他"五经"从西汉开始就成为学校教科书，国家以其为考试内容选拔政府官员，特别是隋唐实行科举制度以后，"五经"成为人们的必读书，士子出仕的阶梯。对孔氏家族来说，"五经"不仅是出身的阶梯，更是家族传承的学问，促成了孔氏家族重视经学的传统。

（五）创立儒学昭圭臬

孔子出身贫寒，生逢乱世，但他不甘沉沦，以济世化民为己任，积极入世，力图改造社会。对传统思想文化进行整理发挥，锻造出博大精深的儒家思想体系，成为伟大的思想家、政治家、教育家。

孔子确实如孟子所说是"集古圣先贤之大成"，他既是已往历史学问思想的集大成者，又是新的思想体系的开创者。他所创立的儒家思想体系，内容广博，包括哲学、政治学、伦理学、教育学、经济学、史学、文艺学、美学、军事学等许多领域。

在政治上，孔子提出"天下为公"的大同世界社会理想和"刑仁讲让"的小康社会近期目标，主张礼法合治，德主刑辅，教化为先，以德治、礼治、法治三结合的方式治理国家，提倡仁政德治，选贤举能，富民教民，轻徭薄赋，平衡财富，博施济众，反对苛政，减省刑罚。在伦理方面，他主张以德修身，博文亲仁，提倡忠恕孝悌，礼义廉耻，信让恭敬，创立了以仁为纲的伦理思想。

汉武帝"罢黜百家，独尊儒术"，孔子思想从此成为国家的指导思想。国家以孔子思想为治国理政的圭臬，人民以孔子思想为修身处世的准则，而孔氏家族按照孔子思想修身做人，或仕宦安民，或耕读传家。

孔子博大精深的思想，内容丰富的经典，重视教育的传统，好学善学的经验，学诗学礼的遗训，为子孙诗礼传家家风的形成提供了保证。

二、学诗学礼承旧业

在孔府西路最北端有一座三间的小建筑，原是七十七代衍圣公孔德成幼年读书的学屋。学屋门侧原来悬挂着这样一副对联："东趋家庭学诗学礼承旧业，西瞻祖庙肯堂肯构属何人"。对联为孔德成老师、翰林庄陔兰所书，虽然不是出自孔德成之口，但毫无疑问，这是庄陔兰教育幼年的孔德成要自幼立志继承家学，其实这也是孔氏家族的传统。

孔子以后，子孙七代单传，孔氏家族传承家学主要依靠亲子相传，从九代开始子孙增多，家学传承除亲子相传外，子弟自相师友，形成著名的孔氏家学。唐代以后，家族日益庞大，子孙散走四方，但仍然保持了亲子相传和子弟自相师友的传统传承家学。

（一）子思志承祖业

在孔子言传身教的影响下，孔子之孙孔伋（约前483—前402，字子思，为避免与孔子相混后世只称其字）从幼年起就立下了继承家学的志向。

据《孔丛子》记载：孔子在家静坐，忽然喟然太息，孙子子思在侧，就再拜问孔子说："您是担心子孙不能继承您的事业有辱祖先呢？还是羡慕尧舜之道遗憾自己没有赶上他们呢？"孔子说："你一个小孩子怎么能知道我的志向。"子思回答说："我在您面前多次听到您的教诲：父亲劈柴，儿子不能够担负搬运，这就叫作不肖。我常常想到它，所以非常害怕而不敢懈怠。"孔子高兴地说："是这样吗？我没有担忧的了。世世代代家不废业，一定能够昌盛吧！"

孔子晚年丧子，最得意的弟子颜回和优秀弟子子路、冉耕等人都先他而去，对孔子造成很大打击，自己的思想如何传承下去成为孔子最为担心的问题，子思继承家学的志向给孔子带来莫大的安慰，也使孔子带着世业克昌的期望离开了人世。

子思自幼立志继承家学，就经常向孔子请教，孔子也处

世业克昌

处多加教诲。《孔丛子》中就有三则子思向孔子请教而孔子细心教诲的记载。

一次是子思问人君明明都知道任用贤人的安逸，为什么却不能使用贤人。"当国君的人没有不知道重用贤人是安逸的，但是却不能重用贤人，为什么呢？"孔子教育他说："国君不是不想重用贤人，之所以没能重用贤人是由于他不明白任用贤人的道理。国君奖励赞扬的人，处罚批评的人，贤人就不会在他的国家做官了。"

一次是问治国方式。"我多次听您说：端正民俗，教化人民，没有比礼乐更好的了。可是管子用法律来治理齐国，天下人都称赞他是个仁人。法律和礼乐方式不同但效果是一样的，为什么一定只有礼乐呢？"孔子教育他说："尧舜的教化，一百世以后都不会终止，因为仁义之风能够久远。管仲以法治国，自己一死法律就停止了，是因为法律严酷而少恩惠。如果有管仲一样的智慧，是能够依法治理的，如果没有管仲那样的才能而专用刑法，是一定会大乱的。"

一次是问修身。"物体都有形状类别，事情都有真假，一定要辨别，用什么呢？"孔子教育他说："用心。心的精神叫作圣，推求道理，研究法则，就不会被事物迷惑。全面周到地考察，成为圣人还困难吗？"

子思三次向孔子请教了不同的问题，分别讨论了选贤任能、治国方略和修心成圣问题，由低及高，由表及里，孔子也借子思请益的机会对子思进行比较系统全面的教育。《孔丛子》文字不类《春秋》，具有战国之风，但其内容与《中庸》的治国用贤、礼乐治国、心圣问题等观点相一致，很可能是子思成年以后的追忆。

子思没有违背对祖父的诺言，也没有辜负孔子的期望。孔子去世后，他师从孔子弟子曾子等人，精通诗书礼乐，仿效孔子早年收徒设教，中年起周游列国，任官鲁卫，一度成为鲁穆公重臣，著有《子思子》二十三篇，但书已佚，后人认为《礼记》中的《中庸》、《表记》、《坊记》和《缁衣》为其所作。

子思继承和发挥了孔子的中庸思想，建立了以"诚"为核心的哲学体系。他认为：诚是万物的本源，是贯通天人一体之道，不论是生而知之而又安而行之的圣人，学而知之而又利而行之的中等人，还是困而学之而又勉强行之的下等人，只要心中有诚，就能知行合一而致中和，成己成物，合内外为一道，达致天人合一的圣人境界，成就赞天化育的圣人伟业。伦理学方面，子思将社会伦理归纳为君臣、父子、夫妇、昆弟、朋友"五达道"和智、仁、勇"三达德"，政治思想上，提出修身、尊贤、亲亲、敬大臣、体群臣、子庶民、来百工等治国"九经"。子思通过弟子传道孟子，开创了战国时期的显学——思孟学派。

子思上承孔子、曾子，下启孟子，所著《中庸》列入"四书"，在儒家道统中占有重要地位。宋崇宁元年（1102）因"圣人之后，孟氏之师，作为《中庸》，万世宗仰"追封为沂水侯，大观二年（1108）从祀于孔子庙两庑，端平二年（1235）升祀大成殿，位列十哲，咸淳三年（1267）加封沂国公，升为配享，成为文庙四配（颜回、曾参、子思、孟子）之一，后世尊称为"述圣"。

子思在继承弘扬家学的同时，也十分重视家学的传承，重视对儿子的教育。《孔丛子·杂训篇》中记载了子思对其子孔白（字子上）的悉心教导：

一次是子上主动请教学习内容："子思说：'先人孔子有遗训，学习必须追随圣人，才能成才；磨刀必须在磨石上，才能锋利。因此，先人孔子的教育必须从《诗》《书》开始，到《礼》《乐》结束，此外的杂说不要去看。"

后两次是子思直接进行教育：子思第一次教育子上说："有人可以有公的尊贵，但是富贵的人众却不与之交往，不就是志向吗？成就个人的志向，不就是没有欲望吗？丝锦华丽，不过是温暖身体，牛、羊、猪三牲食品，不过是填饱肚子，懂得节制的人知道满足，如果知道满足就不会影响自己的志向。"第二次教育子上说："白啊！我曾经深思但没有所得，学习就明白了。我曾经翘首远望却没有看到，登上高处就看到了。所以，有固有的本性再加以学习就没有迷惑了。"

上章教育子上一定要立志，成志要摒弃欲望，要知足；下章教育子上思考要与学习结合起来。学思结合的观点与孔子"学而不思则罔，思而不学则殆"是一致的，可见子思一直继承和传承着孔子的思想。

（二）孔穿世守家学

孔穿，字子高，孔子七代孙，他承继家学，精通礼仪，通晓治国之术，曾游历齐、赵、魏，屡被咨访问道，有"天下之高士"的美誉。在赵国与公孙龙在平原君处辩论白马非马。公孙龙是名家代表，他认为"白"是命色的，"马"是命形的，形色各不相干；孔穿则认为"马"是马的总称，"白"是马的颜色；公孙龙虽然也认识到一般与个别两个概念的差异，但过分夸大了差异，而孔穿则认识到一般与个别的辩证关系。平原君认为他"理胜于辞"，公孙龙"辞胜于理"，而"辞胜于理，终必受诎"。

孔穿在政治上也信守孔子的主张。魏王问怎样才能称为大臣，孔穿回答说：大臣一定要从众人中选拔，能够犯颜谏诤、公正无私；计划事情成功，由国君决定赏赐，事情不成功，大臣承担责任；国君委之重任而不怀疑，臣子敢于担当而不躲避责任。魏王问国君应该担心什么，孔穿回答说：任命了大臣却不与他商量国家大事，而采用宠幸臣子的意见，那么足智多谋的臣子就会怀疑国君疏远了自己，宠幸臣子当面揣测国君心意而投其所好，在外却谈论国君的过错，这就是国君最大的忧虑。信陵君问古代善于治理国家者能够使国家没有打官司的原因，孔穿回答说：由于施行善政，上下勤德而无私，德无不化，俗无不移，行政根据民意，众人赞扬的就推行，众人批评的就禁止，所以就没有打官司的了。

孔穿著有《谰言》十二篇，《汉书》说它"陈人君法度"，《孔丛子》中上引的子高答魏王问"人主之所以为患"和"如何可谓大臣"，答信陵君问"古之善为国者至于无讼"，以及在齐论临淄宰、在魏论张叔与范威等，都是此方面的内容，很可能来自已经佚失的《谰言》。

孔穿的儿子孔谦（字子顺、子慎）也熟知《诗》、《书》、《礼》、《春秋》等文献，魏王聘为相后，建议"修仁尚义，崇德敦礼"，并"改嬖宠之官以事贤才，夺无任之禄以赐有功"，不畏流言诽谤，坚持施行新政，九个月后因向魏王陈述的治国大计得不到采用便托病辞职，也是坚持了孔子的政治思想和品德。

文献中没有记述孔穿跟谁学习，应该来自家学。他的祖父孔求（字子家）、父亲孔箕（字子京）所习不详，但孔求不赴楚王召请，孔箕曾任魏相，都是当世闻人，以学问著称，战国时教育尚未普及，传承只能是家族内部的传承。

陈亢问孔鲤得知孔子曾教育他学诗学礼后说他是问一得三，"闻《诗》闻《礼》，又闻君子远其子"，古代君子并不教育自己的儿子，而是易子而教。对于父不教子的原因，孟子曾经分析说：古人之所以父不教子，是因为父教子必用正道，正道教育无效，父亲就容易发怒，父亲发怒，儿子就会说父亲拿正道教我自己的行为却不符合正道，父子互相责难就有伤父子感情，所以古代君子不亲自教育儿子，而是易子而教。古代父不教子，易子而教，而孔氏家族却是学术父子相传，这是非常难能可贵的。

（三）孔鲋鲁壁藏书

秦始皇三十四年（前213），博士淳于越反对郡县制，要求恢复古制，分封子弟，遭到丞相李斯的驳斥，建议秦始皇禁止儒生以古非今，诽谤朝政。秦始皇根据李斯建议，下令焚烧《秦记》以外的列国史记，限期上交不属于博士官私

曲阜孔子庙纪念孔鲋藏书的鲁壁

藏的《诗》、《书》，有敢谈论诗书者一律处死，以古非今者灭族。第二年，卢生、侯生等儒生方士攻击秦始皇，秦始皇下令将四百六十多名儒生和方士坑死在咸阳。

在"焚书坑儒"的危急时刻，孔子九代孙孔鲋（约前264—前208）将《论语》、《尚书》、《孝经》等儒家经典藏于孔子故居的墙内，然后到魏隐居。陈胜吴广农民起义后，经好友张耳、陈馀推荐出任陈胜博士，多次建议但很少被陈胜采纳，六旬后归隐，客死于陈。

孔鲋生于战国之世，长于兵戎之间，承继家学，讲习不倦。季则曾经劝谏说：丈夫不生则已，生当有所作为。您淡泊世务，修无用之业，自己不能荣耀，世人也不能得到您的好处，我私下认为您的做法是不恰当的。孔鲋回答说：不像您说得那样。武者可以进取，文者可以守成，现在天下将要大乱，但终必要安定。您修武帮助夺取天下，我修文帮助安定天下，不也可以吗？

孔鲋传学叔孙通，秦统一后令其出仕，叔孙通认为自己所学不能用于当世，孔鲋说他能够明了世事变化，可以出仕，叔孙通于是以法仕秦。孔鲋临终前令弟子们师从叔孙通，"叔孙通处浊世而能清洁其身，学习儒学而懂得权变，是当世之师"。叔孙通后来入汉为官，为汉朝制定了朝廷礼仪。

(四) 孔安国整理古文经

汉武帝时，鲁恭王刘馀扩建宫室，拆除孔子故宅，在墙壁中发现了孔鲋所藏的经典，由于这批经典是用古代的蝌蚪文（篆书）书写的，不同于当时使用的隶书，所以被称作古文经。

孔安国，字子国，孔子十一代孙。他学《诗》于申公，受《书》于伏生，以研究《今文尚书》为博士，官至临淮太守。武帝天汉（前100—前97）间，鲁壁发现《尚书》、《论语》、《礼》和《孝经》后，孔安国将能够释读的部分经典用隶书誊录出来并加以训注，撰成《古文尚书传》、《古文论语训》和《古文孝经传》，并集录《孔子家语》四十四篇，上献朝廷，请求列于学官，恰逢征和元年（前92）巫蛊事起未能成功。

古文经中尤以《古文尚书》著称，它比当时流行的伏生所献的《今文尚书》多出十六篇。

对于立为官学的《今文尚书》，孔安国与堂兄孔臧本来都有怀疑，欲拨乱反正，但面对强大的今文学派，苦无依据，"忿俗儒淫辞冒义，有意欲校乱反正，由来久矣。然雅达博通不世而出，流学守株比肩皆是，众口非非，正将焉立"。《古文尚书》的出现，使兄弟大喜过望，孔安国将能够识别的《古文尚书》以隶书誊录并进行训传，对当时立为官学的今文尚书造成很大冲击，"俗儒结舌，古训复申"，当然也遭到今文学派的极力反对。孔安国申请列为官学没有成功，成帝时，孙子孔衍再次上书请求列于学官：臣祖父临淮太守孔安国逮出仕武帝时，鲁恭王拆除孔子故宅，发现古文科斗《尚书》、《孝经》和《论语》，世人都不认识，孔安国改为通行的隶书并进行训传，又撰成《孔子家语》。诸书完成后，恰逢巫蛊事起，未能立于学官。他的书籍典雅正实，世传今文经书是不可同日而语的。光禄大夫刘向因为当时没有立于学官，所以《尚书》不记于《别录》，《论语》不使名家，我感到很惋惜。戴圣不过是今世的一个小儒，因为《曲礼》文字不够，于是选取《家语》的有关杂记以及子思、孟轲、荀卿等著述进行增补，总名为《礼记》。现在只承认选用在《礼记》中的内容而不采用《家语》，是灭其原而存其末。臣愚以为都应该立于学官。奏书上报后被认可，恰逢成帝去世未能成功。王莽当政时，经刘歆极力争取，《古文尚书》一度被列于学官，但到东汉光武帝时又被废除了。

《古文尚书》虽未列于学官，但孔安国后裔仍然进行传承。其子孔卬兼善《诗》、《礼》，孙孔骧兼善《春秋三传》，著有《公羊训诂》和《穀梁训诂》，曾孙孔立善《诗》、《书》，直到八代孙孔丰仍然"善于经学，不好诸家书"，九代孙孔僖"为《诗》、《书》，颇涉《礼》、《传》"，著有《古文尚书传》和《毛诗传》。

安国十代孙季彦信守家学，族人孔昱（孔霸之后）劝他放弃《古文尚书》，兄弟二人进行了一场激烈的争论。孔昱说：现在朝廷以下，四海之内，都研究学习今文经学，只有您研究古文。研究古文就不能不批评今文，批评今文是危害自身啊，独善其身本来就不容于世，现在古文虽好，但被时代抛弃，而您却独自研究，一定会有祸患，为什么不暂时停止呢？孔季彦不为所动，回答说："您的这些话不是我所希望听到的。您认为学习是学习智慧呢还是学习愚蠢呢？"孔昱回答说"学习是求取智慧的"，孔季彦接着说："您经常听我解说《古文尚书》，常常称善，善就是要让人知道的。您也认为《今文尚书》章句内学迂诞不通，研究它就会使人愚蠢。现在您要我放弃好的学问，去学习迂诞不通的愚蠢学问，替人这样谋划，道义何在！况且您立论一定要分清是非，以是易非，何伤之如！皇帝聪明，您怎么知道他不想听到今古两文大义，博览古今，择善而从，以扩大其圣明呢？我学习不是为了俸禄，以得其义为贵，如果因此受害，心甘情愿。先圣垂训，壁出古文，临淮传义可谓精妙，而不列为学官，成为教科书，世人本来就不了解它的奇妙。《古文尚书》之所以没有失传，全靠我家世世独修。现在您因为利禄的原因，想废除先君孔子之道，这真不是我的愿望啊！如果听从您的建议，先君孔子的思想灭于今日，将使来世达人见今文俗说因此嗤笑前圣，我如此用力是为了先人。物极则变，此百年之外，一定有明慎君子，会遗憾不与我同世"。孔昱被孔季彦说服了，怅然说"我没有考虑到这些，非常惭愧自己不聪明"，受孔季彦的影响，孔昱也开始研究《古文尚书》。

《古文尚书》在孔安国后裔中一直传承到孔季彦之子孔猛，由于孔猛失传而家学断绝，大概是东汉末年的战乱使此家族消亡而致使延续三百多年的家学传统也随之消亡。

正是由于孔安国家族的坚守，《古文尚书》一脉不绝如缕，西汉末，经刘歆的大力提倡，古文经学逐渐昌盛，到东汉前期古文经学的社会地位迅速提高，影响日益扩大，古文经学昌盛了起来。

（五）汉魏家学兴盛

汉武帝"罢黜百家，独尊儒术"，孔子思想成为国家指导思想，孔氏家族也空前兴盛。绥和元年（前8）二月，九代长孙孔鲋后裔十五代何齐被封为殷绍嘉侯奉祀商汤，次月晋爵为公，元始二年（2）改封宋公，爵位世袭，一直延续到东汉末年，入魏后降为侯爵；次孙孔腾后裔世以经学传家，十三代孔霸博士出身，曾任元帝之师，初元元年（前48）以功封关内侯，号褒成君，请求获准以封邑奉祀孔子，到元始元年曾孙孔均被封为褒成侯，专祀孔子；三孙孔树之子孔藂追随汉高祖刘邦芒砀山起义，以军功封为蓼侯，世袭到西汉末年。未有世爵的子孙多以经学出身，在尊孔崇儒和经学兴盛的环境下，孔氏学术也空前兴盛，形成著名的汉魏孔氏家学。

汉魏孔氏家学有三个特点：一是弟子自相师友；二是家族传承；三是不专攻一经。

从九代孙开始，孔氏后裔增多，家学传承除亲子相教外，又出现子弟自相师友的现象。据《孔子世家谱》记载：九代长孙孔鲋"独乐先圣之道，讲习不倦"，秦始皇焚书坑儒时，南下嵩山，教育弟子数百人；次孙孔腾（字子襄）被汉惠帝征为博士，官至长沙太守；三孙孔树（字子文）没有出仕，家谱说他"兄弟自相师友"，看来都是承继家学。汉代时子弟自相师友现象很普遍，十六代孙孔奋、孔奇兄弟避乱河西，同习《左传》，十九代孙孔僖死于临晋令任上，遗令就地安葬，二子孔长彦、孔季彦兄弟年甫十岁，守墓不归，"家有遗书，兄弟相勉，讽诵不倦"，"长彦好章句学，季彦守其家业，门徒数百人"。许多子孙都保持了子弟自相师友的传统。

亲子相传，兄弟互教，汉代时孔氏学术空前兴盛。孔树后裔虽有世袭蓼侯爵位，但子孙仍然潜心家学。孔臧、孔让兄弟均博士起家，孔臧袭爵，孔让官至长沙王太傅。孔臧不愿担任御史大夫，要求担任级别较低的太常，与从弟孔安国一起整理经典。

孔腾后裔六世九位博士，并出现了家族传承现象。长孙孔武及其子孙孔延年、孔霸、孔光均为博士出身，孔霸在宣帝时为大中大夫，被选授皇太子经，元帝即位后官至太师，封褒成君，爵关内侯，孔光两任丞相，官至太师，封博山侯。孔延年祖孙以研究《今文尚书》为主，孔霸、孔光父子均为大夏侯一系。到东汉时子孙主研《春秋》，孔霸次子孔捷之孙孔奋（师从刘歆）、孔奇兄弟主修《左氏春秋》，孔奋之子孔嘉著有《左氏说》，孔奇著有《左氏义诂》和《春秋左氏删》，孔嘉之子孔酥修《严氏春秋》（公羊一系），二十代孙孔融之父孔宙也主修《严氏春秋》，次兄孔谦"祖述家业，修《春秋经》"，三兄孔褒"业《春秋经》"，孔融主修《左氏春秋》，著有《春秋杂义难》，只有五弟孔昱受到孔季彦影响，主修《古文尚书》，著有《尚书传》。次孙孔安国家族则主修《古文尚书》。

与今文经学专攻一经和偏重"师法"、"家法"不同，孔氏学者多研习几经，今古文兼治。孔安国兼习《鲁诗》和《今文尚书》，以《今文尚书》于汉武帝时征为博士，鲁壁古文经发现后又研究古文《尚书》、《论语》和《孝经》，可以说是汉代第一位兼通今古文经学的大师。其子孙世守家学，但也兼习他经，其子孔卬兼善《诗》、《礼》，孙孔驩昭帝时征为博士，兼善《春秋三传》，曾孙孔立也习《诗》，九代孙孔僖除主研《古文尚书》和《毛诗》外，还涉猎《礼》、《传》。

《古文尚书》和《左传》都只是在很短暂时间内一度被列入学官，绝大部分时间内不是官定的教科书，学者无法以此获取出身，但孔氏家族以"吾学不要禄"的态度坚守着，更是难能可贵的。

（六）六朝经史并重

社会动乱一定会造成人口大量丧失，孔氏家族也是如此。西汉末年九代三支孔树一系全部失传，三国时长支孔鲋一系全部失传，二支孔腾一系中孔安国一支到三国时也全部失传，只有孔武一支尚存，但到汉末，二十代十六位兄弟中也只有孔赞和孔义两人有后代传世。

六朝时期，孔氏宗子承袭经历了一次混乱。史书记载，孔亭、孔靖之被东晋封为奉圣亭侯，孔继之、孔隐之、孔惠云、孔迈、孔莽被宋朝封为奉圣亭侯，孔英哲被陈朝封为奉圣亭侯，除孔英哲作二十八代孙被家谱承认外，其他家谱均无记录，而家谱记录的二十三代至二十六代孔嶷、孔抚、孔懿、孔鲜均未见史书记载。见于正史记载受封者家谱全无，而家谱记载者史书全无，造成这种混乱的原因是由孔氏后裔南渡造成的。西晋末年，五胡乱华，北方陷入长期混乱，中原世族纷纷南下避乱，宗子和孔义后裔也随之南渡，宗子定居建康，享有江南政权的爵位，而北方子孙直到北魏延兴三年（473）才始有封爵。毫无疑问，南北朝时期，孔氏家族经历了第一次南北宗并列。

六朝时期，宗子一系在文化方面很少建树，而孔义一支人才辈出，成为南朝望族，成果丰硕。

孔义后裔中经史成就最高的是孙子孔衍。孔衍（268—320）自幼好学，12岁通诗书，南渡后曾任中书郎，领太子中庶子，经学博深，熟悉典章制度，对东晋制定朝廷礼仪贡献很大，后因建议太子"博延朝彦，搜扬才俊"被权臣王敦赶出朝廷，外任广陵太守，月余即死于任上。孔衍博通经史，经学方面主研《春秋三传》和《礼》，著有《春秋公羊传集解》、《春秋穀梁传训注》、《左传训注》和《凶礼》共四十一卷；史学著述成果丰硕，著有《汉尚书》、《后汉尚书》、《后魏尚书》、《汉春秋》、《后汉春秋》、《魏春秋》、《后魏春秋》、《春秋时国语》、《春秋后国语》、《国志历》、《长历》、《千年历》共一百零五卷；孔衍兴趣广泛，还著有《兵林》、《说林》、《孔氏说林》和《琴操引》等十三卷。孔衍后裔中人才辈出，玄孙孔默之著有《穀梁注》一卷，其子孔熙先博学多识，文史星算无不兼善，因游说范晔废除宋文帝事泄阖门被诛，此支也从此断绝。

孔又二子孔恂失传，三子孔郁一支以文学著称。二十五代孔群官至御史中丞，著有《中丞奏议》；二十六代孔汪历官侍中、平越中郎将等，著有《中郎集》，孔坦曾官侍中，著有《侍中集》，孔严曾官尚书左丞，出为吴兴太守，著有《吴兴太守集》；二十八代孙孔廞官至廷尉，著有《廷尉集》，其子孔琳之好文艺，善隶草，官至御史中丞，执法不挠，著有《御史中丞集》；二十九代孙孔稚圭好文咏，曾任陈霸先记室参军，与江淹对掌文辞，入陈后官至散骑常侍，著有《散骑常侍集》，以《北山移文》著称；三十一代孙孔休源官至金紫光禄大夫、宣惠将军、扬州刺史，谥号贞，著有《文贞公集》；三十二代孙孔奂仕陈官至仆射，著有《孔奂文集》。史地方面著述不多，二十五代孙孔愉累官尚书左仆射、镇军将军、金紫光禄大夫，著有《晋咸和咸康故事》，二十八代孙孔灵符、孔灵运兄弟研究地理，分别著有《会稽志》、《会稽志佚文》和《地志》。经学方面著述更少，只有二十五代孙孔伦官至黄门侍郎，精于礼，著有《仪礼注》和《集注丧服经传》。子类方面，孔汪著有《杂药方》，孔㲦著有《弹文》，三十一代孙孔晔著有《夏侯鬼语集》。

六朝时期经学衰微，玄学盛行，佛教流行，道教兴起，后期儒、释、道三教调和论和殊途同归论相当流行，孔子后裔有隐居不仕者，有啸傲山水者，但并无人从事玄学、佛学和道教研究。

（七）孔颖达经学独秀

历经南北朝纷争，孔氏人口再次急剧减少，到唐朝初年，孔氏仅有北方宗子和孔毓及孔郁后裔共四支族人存世，尤以孔颖达一支人丁最为兴旺，学术文化水准也最高。

宗子自北魏赐封后，一直保有爵位。入唐后相继被封为褒圣侯、文宣公，社会地位逐渐升高，文化素养也逐渐提高。三十五代孙孔贤首中进士，三十九代文宣公孔策明经及第，四十代文宣公孔振、孔拯兄弟高中状元，一时传为佳话，孔贤后裔孔元昌、孔昭邈也都进士及第。唐代大行科举，士子更重诗文，但孔氏宗子仍然重视承继家学，三十五代文宣公孔璲之曾任国子四门博士、邠王府文学，孔策专攻儒经，明经及第，曾任国子监丞，《尚书》博士。

孔颖达（574—648），曾祖孔灵龟任北魏国子博士，祖孔硕任治书侍御史，父孔安任北齐青州法曹参军。孔颖达幼承家学，8岁时即日诵千言，通《左传》、王氏《易》、郑氏《诗》、《书》、《礼记》，兼善数学历法。隋大业中举明经高第，授河内郡博士，后补国子助教，隋末动乱，隐居教授，入唐历任国子博士、司业、祭酒等职。唐代重新确立了儒学的正统地位，但是由于此前三百多年的南北分治，南北经学形成了不同的风格。"南人约简，得其英华；北人深芜，穷其枝叶"，南方兼融王肃、郑玄，重在贯通诸家，发挥义理，颇受玄学影响，而北方独尊郑玄，保存汉末经学传统。虽然隋朝进行过经学统一的工作，但尚嫌不足，唐太宗令孔颖达再次统一儒经。孔颖达奉命主编了《五经正义》，此外还编著了《周易注疏》、《尚书注疏》、《礼记注疏》、《春秋左传注疏》、《毛诗注疏》、《公羊疏》、《孝经义疏》和《易正义补阙》，参编了《大唐礼仪》，编撰了《隋史》，撰写了《国子博士集》和《谈玄》。孔颖达融合南北经学，形成唐代义疏派，成为一代经学大师。

孔颖达家族沿袭了研习经学的传统，长子孔志玄及其子惠元均曾任国子司业，三世任职国子监成为一时佳话。即使在科举大行、重视诗文的时代，子孙仍然经文兼修。三十八代至四十一代有 22 人考中进士（其中状元 2 人），也有 5 人高中明经。进士出身者虽多，但著述不多，非进士出身的次子孔志约有《本草音义》二十卷，六代孔巢父有《仆射集》十卷。

（八）宋代经文并茂

唐初动乱，三十三代长孙孔德伦避居河南宁陵，未能归葬曲阜，次子孔子叹之子孔贤寓居护守陵庙，三十八代长孙回葬曲阜，再留三弟孔惟时留守，五代时，四十二代孙孔桧避乱落居浙江温州平阳，曲阜仅有长孙一人，而且一度失去了世袭爵位，岌岌乎危矣甚矣！后唐重封四十三代孙孔仁玉为文宣公，入宋国家安定，孔氏后裔也繁盛起来。孔仁玉四子十孙十曾孙，二十九玄孙，四十七来孙，四十九晜孙，文化素质也开始提高。子孙既传承家学，也热心科举，二子三孙三曾孙二玄孙考中进士，子孙且多出仕为官，尤以孔道辅父子著称。孔道辅（986—1039）进士出身，官至御史中丞，直言敢谏，儿子舜亮、宗翰同科进士，分别官至左中散大夫和刑部侍郎。父子均能诗，与苏轼、司马光、程颢、范纯仁等人唱和交往。

曲阜长孙一系经学方面缺少著述，史学方面有孔宗翰的《阙里世系》和《孔氏族谱》，孔传的《东家杂记》、《孔子编年》和《文枢要记》，子类有孔传的《杂说》、《珩璜新论》和《孔六帖》，文学类有孔传的《杉溪集》。

流寓江西的临江派和其他流寓族人在经学方面有所建树。

临江派是孔颖达后裔，四十代孙孔绩为唐代进士，官吉州军事推官，因黄巢之乱留居江西新淦县。家族一直延续重经的传统，又由于江西远离战乱，社会相对安定，子孙众多，科第连绵。三子一进士，四孙三进士，七曾孙三进士二举人，玄孙 22 人三进士，来孙 44 人两进士，44 晜孙五进士二举人，四十七代孙 29 人十进士二举人。许多进士举人都是以经起家，由于家谱大多没有记载以何经起家，注明起家经书者中，《春秋》中进士者五人，举人二人，《尚书》中进士者一人，举人三人。

宋代临江派中最著名的是四十六代孙孔延之家族，他七子中四进士一举人，尤以三孔——孔文仲、孔武仲和孔平仲著称。

孔延之是庆历三年（1043）进士，官至司封郎中，编有《会稽掇英总辑》。孔文仲（1038—1088）字经父，嘉祐六年（1061）进士，考官吕夏卿称赞其文章"词赋赡丽，策论深博，文势似荀卿、扬雄"，推荐给主试官擢为第一。因反对王安石变法，仕途不利，官至中书舍人，死后还被追贬为梅州别驾。他疾恶如仇，苏轼手抚其棺说"世方嘉软熟而恶峥嵘，求劲直如吾经父者今无有矣"。他善属文，著有《起居令文集》和《金人集》。孔武仲（1042—1098）字常父，进士出身，曾官国子司业，官至宝文阁待制、礼部侍郎。他学识渊博，长于经文，著有《书说》、《诗说》、《论语说》、《金华讲义》、《秘书正字集》、《奏议》和《芍药谱》。孔平仲字毅父，治平二年（1065）进士，又应制科，因反对王安石变法屡次遭黜，徽宗即位后召回，任官户部金部郎中。他长于文史，有《朝散集》、《平仲集》、《良史事证》、《释稗》、《野史》、《诗戏》、《续世说》和《孔氏谈苑》。

宁陵派四十代孙孔维（928—991）于乾德四年九经及第，曾官国子监周易博士、礼记博士、司业、祭酒兼工部侍郎。他通经术，皇帝亲耕籍田时曾上献《周礼》至唐代沿革制度，"观者称其博"，受命与学官校订《五经正义》，但未竟先卒。郏县派孔旼是四十六代孙，字宁极，曾官秘书省校书郎，后屡召不起，隐居读书，与韩持国、二程（程颢、程颐）交往，著有《大衍说》和《太玄图》。浙江平阳派孔元龙字季凯，五十一代孙，尚志笃学，从真德秀游，曾任余干主簿，后为柯岩精舍山长，以宣教郎致仕，年至九十仍手不释卷，著有《柯山讲义》和《论语集说》；同派孔梦斗生平事迹不详，著有《尚书解》。不知派支的孔习周著有《四书详解》和《书经什文》。

（九）金元经学衰微

女真骑兵南下，曲阜位于宋、金、蒙古往来争夺区域，人数开始减少，蒙古统一后，人丁又开始增加，但是整个家族的文化水准下降。北宋末年，四十八代衍圣公孔端友南渡寓居浙江衢州，金代另封北宗衍圣公，蒙古初年，衍圣公中断43年，至元贞元年（1295）始重封孔治为衍圣公，22年后又因其子孔思诚并非嫡长改封孔思晦。

衍圣公家族中略有成就的是五十一代孔元措和五十五代孔克坚。孔元措（1181—1254）字梦得，金明昌二年（1191）获封衍圣公，因蒙古占领曲阜被召至京师，官至太常卿。蒙古灭金后，再次被封。他上书请求收集金朝礼乐旧人，带至曲阜孔子庙演习登歌乐，制造乐器、冠冕和礼器，在日月山向皇帝演奏后被确定为祭祀标准。孔元措通礼乐，虽然没有相关著述，但对金元礼乐制度均有贡献，特别是奠定了元代礼乐制度。孔克坚（1316—1370）字璟夫，至元六年（1340）袭封衍圣公，后因山东兵乱被召至京师，任同知太常礼仪院时，曾官中台治书侍御史、礼部尚书、知贡举、国子祭酒等。他通《左氏春秋》，明习礼乐，能诗文，工乐府，有《祭酒逸稿》二卷。

不仅衍圣公著述罕见，整个孔氏家族著述也不多。经学方面仅有衢州孔元龙《洙泗言学》和曲阜孔思逮《大元乐书》；史学著述较多，主要是家族谱志，有孔元措《孔氏祖庭广记》和孔元敬《素王世纪》等七种，家族以外著作有孔淑《大元一统志》、孔齐《静斋至正直记》和孔克慧《历官记》等；子类有孔元舒《在穷记》和孔克慧《归田录》；文集比较多，有孔璪《行台都事集》，孔玮《南山樵隐集》，孔珍《孔珍诗集》，孔汭《行台集》，孔璞《景丛集》，孔元龙《鲁樵集》、《拱锡山草堂集》、《村居杂兴》和《奏议丛璧》，孔元演《明德集》，孔梦斗《愚斋文集》，孔克烈《雁山樵唱》和《考槃集》，孔克慧《德台集》和《归田录》；杂剧有孔文卿《东窗事犯》和《孔文卿杂剧》，但遗憾的是没有大家。

（十）明代经学初兴

入明以后，孔氏家族人口爆炸性增长，但文化素养并没有像人口增加一样迅速提高，曲阜孔氏族人科举不盛，明万历以前仅有孔公恂和孔弘愿两位进士，天启元年（1621）国家为曲阜孔氏单设山东乡试举人名额后科举才兴盛起来。

衍圣公家族自元代改封孔思晦后，父死子继，从未间断，明朝建立后空前优待孔子后裔，对衍圣公"养以禄而不任以事"，衍圣公养尊处优，潜心家学并游戏文字，由于专司祭祀孔子，对礼乐都特别重视，虽然经学方面尚无著述，但几乎每代衍圣公都能诗工文。五十六代衍圣公孔希学经史子集无不研究，能文，善隶书；五十七代孔讷自幼笃学，能诗，工篆书；六十代孔承庆锐志经典，受业于裴侃、江上青、孔克晏，朝夕淬砺，寒暑不辍，汲汲于功名的三氏学学生都自叹不如，能诗，著有《礼庭吟稿》；六十一代衍圣公孔弘绪、孔弘泰兄弟"岁时游宴相酬唱，或夜分忘倦"，并与著名诗人李东阳等唱和；六十二代衍圣公孔闻韶兄弟七人连同堂弟孔闻诗堂兄弟八人时常诗酒唱和。

明代衍圣公家族尚无经学著述，族人研究者大有人在，

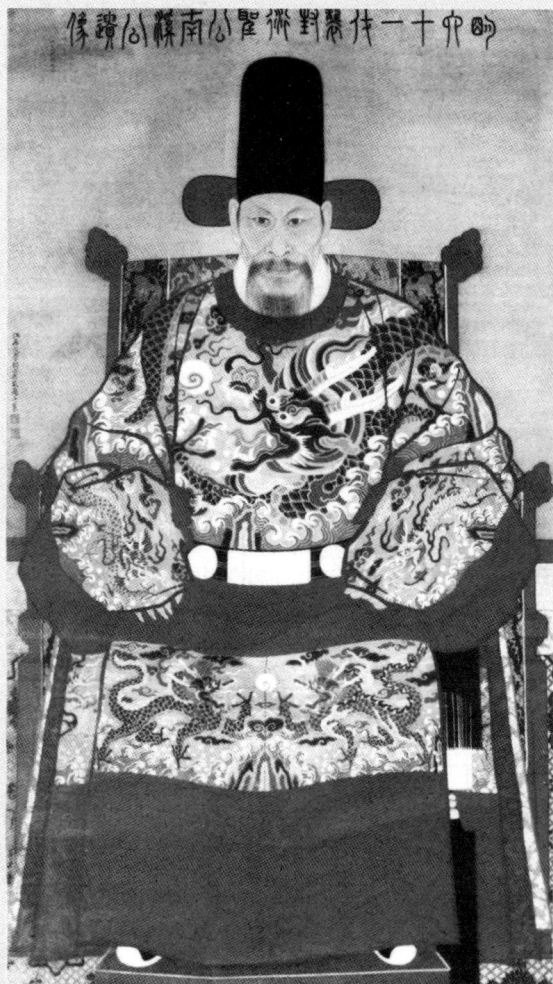

孔弘绪画像

而且著述颇多。孔克表有《群经类要注释》，孔谔有《中庸补注》，孔彦士以《易经》中举，孔承偶遍解群经，有《中庸或问》、《易经代言》、《书经代言》、《诗经代言》、《四书代言》、《天理说》、《天人直指图》和《孔庭续问》等，孔尚严有《学庸正解》，孔兴治有《四书讲义》，孔学周有《太极辨析》，孔贞瑄有《四书约注》和《大成乐律全书》，遗憾的是学术水平不高。史学方面延续家族谱志的传统，孔承懿有《孔氏新谱》，孔弘颙有《孔氏族谱》，孔贞丛有《阙里志》，孔胤植有《阙里志》和《述圣图》，孔弘存有《孔庭摘要》，孔弘干有《阙里文献集》、《孔门签载》和《曲阜县志》，孔弘毅有《重修曲阜县志》和《重订三迁志》，孔贞运有《皇明诏制全书》等。族人热心诗文，有 27 人著述 33 种。

（十一）清代文化兴盛

清兵入关后，马上承认了孔氏家族在明代的所有特权，加上改朝换代之际曲阜一带没有多大破坏，孔氏家族人丁快速增长，文化水平也飞速提高。经过百余年的积累，到清朝康乾时期，已经人文荟萃，蔚为大观。据统计，仅曲阜孔氏族人，在经学方面有 28 人著述 85 种，史学方面有 40 人著述 51 种，子学方面有 25 人著述 40 种，文学方面有 91 人著述 218 种。其中最为兴盛的是衍圣公家族。

六十七代衍圣公孔毓圻、孔毓埏兄弟与孔毓圻夫人叶粲英和子女孔传铎、孔传鋕、孔传钜、孔丽贞等结社诗酒唱和，衍圣公孔传铎还精研三礼，有《春秋三传合纂》、《三礼合纂》和《礼记摛藻》等著述 10 种，其孙孔继汾、孔继涵潜心经学，世传家学。孔继汾、孔广林、孔广森、孔昭虔祖孙四人广注群经，精研数学、天文、地理、音韵等学科，有著述近五十种；孔继涵、孔广栻、孔广根、孔广权父子 4 人均能诗，孔继涵、孔广栻并以经学见长，孔继涵还精于校勘，有著述三十多种。

（十二）孔传铎数世经学

孔传铎（1673—1735）是第六十八代衍圣公，字振路，号牖民，清雍正元年（1723）袭封衍圣公，九年告病退休。

孔传铎喜读书，究心理学，精于三《礼》和三《传》，对于孔子庙中的器物无不详细订正。由于审乐最难于考《礼》，于是博求音乐书籍，冥搜默契以至于废寝忘食，才恍然大悟：钟律正则无不正，而想考正钟律必须考正中声，

皇清誥贈光祿大夫本生十八代孫聚野縣代理黎平府傳釋兆麟府君八旬遺像

孔传铎画像

也就是喜怒哀乐未发之中。如果搜求于空虚中就会无据，自以为是就会牵强附会，拘泥于器物就会失真。晋朝以来多求之金石古尺，梁隋以后多求之黑色黍米，王朴专用黍米而不参考金石。金石古今尺度不同，黍米有长短不同，都不可完全相信。只有用蔡氏的浅深之法，以理合乎数目，以数合乎器物，用器物求声，黄钟之音可得，大乐可成。经学著述有《礼记摛藻》、《春秋三传合纂》、《圣门礼乐志》、《阙里盛典》、《祀孔典礼》、《读古偶志》数种。之所以编纂《春秋三传合纂》，是因为三《传》内容太为浩繁，而诸家所选各自为书，他认为读书贵在论世，因此按年编选，以《春秋》为纲，三《传》为目，根据需要或全选三家，或只选一两家，使人一目了然。孔传铎也能诗文，著有《安怀堂文集》、《申椒集》、《绘心集》、《盟鸥草》、《红萼词》、《炊香词》等。有子6人：继濩、继溥、继泂、继汾、继涑、继澍。其中以继汾家族经学成就最高。

孔继汾（1725—1786），字体仪，号止堂。自幼博闻强记，奄通经史，14岁成恩贡生，23岁中举，次年为到曲阜祭祀孔子的乾隆皇帝进讲《中庸》要旨，深受赏识，被授为内阁中书，26岁任军机处行走，后年任户部主事，30岁被刘统勋奏调随军筹备粮草，平定准噶尔叛乱后收到记录一次的奖励。次年为迎接皇帝再次到曲阜祭祀孔子，先期回乡准备，因就派孔氏族人和庙户、佃户当差与山东巡抚发生争执，被指责为与弟弟孔继涑把持孔府事物，袒护庙佃户人，干预地方公务，受到革职处分。虽然很快捐复，但因生母徐氏认为他多憨忤物、不宜为官而养亲不仕，从此闭户读书，潜心著述，著有《孔子世家谱》二十二卷、《阙里文献考》一百卷、《孔氏家仪》十四卷、《家仪问答》四卷、《丧服表附殇服表》共二卷，《勘仪纠谬集》三卷、《阙里仪注》三卷、《文庙礼器图式》一卷等。

《孔子世家谱》系乾隆九年编修，次年成书，虽然以衍圣公孔昭焕名义主纂，但实际编修为孔继汾，跋文也为他撰，此后他还编纂了《孔氏大宗支谱》十四卷和《东家嫡系小谱》十卷。《阙里文献考》于乾隆二十六年（1761）著成，在家族诸部志书的基础上，增益编订体例，参考各家相关著述，考订厘清史实，条目清晰，内容全面，是孔氏家族的重要文献。《勘仪纠谬集》乾隆三十三年成书，主要对孔子庙祭祀的礼仪、祭品、祭器等进行考订并改正，迎神、送神停止参用俗乐，崇圣祠、启圣祠酌献在大成殿之前，墓祭不用中元，常荐省去腊八增加岁暮等。

孔继汾主要成就在礼学，以《孔氏家仪》成就最高。乾隆二十七年，衍圣公孔昭焕续娶，咨问仪注，发现吉凶礼仪变化很大，虽然从古者多，但从俗者也不少，在浙江人江衡的建议下，将孔氏家族庙祭、家祭、丧礼、婚礼、宾礼以及修谱等事宜应该遵循的礼仪、服制等汇编成《孔氏家仪》一书，于乾隆三十年刊印。事后又发现一些问题，撰出《家仪答问》进一步补充解释，再后又撰出《丧服表》和《殇服表》各一卷，形成了系统的家族礼仪。乾隆五十年，因为家族内部纠纷，被族人孔继戊举告为"增减《会典》服制，并有'其今之显悖于古者'，'于区区复古之苦心'字样"，形成文字狱，书版被查抄收缴焚毁，乾隆皇帝亲自过问，交大学士、九卿会同刑部讨论处理意见，并指示"孔继汾身系圣裔，即其书果有狂妄，亦止应罪及其身，其子弟族众均勿庸连及，以示朕尊崇先圣、加恩后裔之至意"，最后将孔继汾革职充军伊犁，多亏圣裔的身份保住了一条命。《孔氏家仪》虽然被禁毁，但因其"冠、婚、丧、祭罔不具备"，子孙仍然遵守。

孔继汾有 7 子：广林、广森、广懋、广册、广衡、广规、广廉。广廉出嗣给弟弟孔继涑，广林、广森（下面单述）学术成就最高。

孔广林（1746—1814），字丛伯，号幼髯，19 岁成秀才，四次乡试未中，援例成贡生，26 岁署太常博士，主持汶上圣泽书院祭祀。从此决意专治郑学，阮元曾赞扬"海内治经之人无其专勤"。著有《周礼肊测》七卷，《仪礼肊测》十八卷，《吉凶服用名篇》九卷，《禘祫觿解》一卷，《明堂亿》一卷，《士冠笺》一卷，《通德郑氏遗书所见录》七十二卷；他精音律，工戏剧，撰有杂剧《女专诸》、《璇玑锦》、《松年长生引》三种和传奇《东城老父斗鸡忏》；善诗文，著有《延恩集》一卷，《幼髯韵语录存》一卷及外集一卷，一生有诗三千六百多首，自以为不足传世，全部焚毁，只刻十五首悼亡诗传世。

曾孙中有孔昭虔、孔昭杰研究经学。孔昭杰（1780—1852），原名昭辰，字俊峰，号友兰，继泂之孙，广彬之子，22岁中举，曾官沧州越支长芦盐大使、江苏盐城知县，50岁后辞官归养。屡主东昌、卫辉、保定书院，倡率实学，著有《论语集注》、《大学指掌》、《中庸指掌》、《孟子摘要》、《读史格言》、《知非录》诸书，他还善诗文，著有《拜经书屋文稿》、《诗余》、《孤灯吟草》等。

七十二代有孔宪庚。孔宪庚（1810—1866），字和叔，号经之，孔昭杰第三子，道光二十八年（1848）拔贡，著有《周易肊测》和《经之文抄》。

七十五代有孔祥霖。孔祥霖（1851—1917），字少霑，晚号恫民，七十一代衍圣公孔昭焕五子宪埊曾孙。祖父庆鍷（1802—1853），进士出身，任交河知县时守城死于太平军。父繁渥（1824—1853），字霑邻，号润臣，出嗣三祖父宪圭，

71

举人出身，与生父同时遇难。祥霖 23 岁拔贡，25 岁中举，27 岁成进士，选翰林院庶吉士，散馆授翰林院编修，历任国史馆协修、功臣馆纂修，历充顺天乡试同考官、甘肃乡试主考官、会试磨勘官，41 岁督学湖北，丁忧回籍。甲午事变后，在乡兴办曲阜算学馆、农桑局、工艺场，52 岁时，经山东巡抚周馥奏请到省，会办山东学务处和农工商务局，亲送留学生赴日并考察日本教育，两年后兼任兖沂曹济农桑会总办，56 岁时署河南提学使，改中高师范 15 所、师范传习所 20 所，创教育研究所 33 所，增设教育官训练所及政法、体育、蚕、工、医等各类学堂 222 处。两年后署布政使，辛亥革命后回籍。54 岁时与康有为组织孔教会，被选为总理，两年后组织经学会，亲授颜元六行六艺践履力行之义。祥霖早习举业，著有《四书大义辑要》、《四书实义蘩抄》、《经史孝说》等，晚年崇尚实学，著有《曲阜清儒著述记》。

孔传铎家族还是科举名家，六子中二举人，孙子中一进士，曾孙中四进士四举人，玄孙中四举人，七十三代三进士三举人，七十四代一举人，三人留学日本，七十五代一进士三举人。

（十三）孔广森兼善经算

孔广森（1752—1786），字众仲，号㧑约、撎轩，清代著名经学家、数学家、音韵学家。17 岁中举，20 岁中进士，选翰林院庶吉士，散馆授检讨。他出身圣门，年少入仕，春风得意，人多艳羡，但他生性恬淡，耽于著述，不乐仕进，26 岁时丁母忧归里，再不出仕，筑室郊外，心仪郑康成命名仪郑堂，潜心著述。广森少年时师从皖派经学大师戴震，后拜今文经学大师庄存与专治公羊学。34 岁时，父亲孔继汾因文字入狱为救父四处奔走借贷，次年父亲、祖母相继去世，他不久也病卒。

孔广森虽然生命短暂，但著述等身，经学算学方面有《春秋公羊通义》十二卷、《大戴礼记补注》十四卷、《诗声类》十三卷、《经学卮言》六卷、《礼学卮言》六卷、《礼仪器制改释》五十八卷、《少广正负术内篇》三卷、《少广正负术外篇》三卷、《勾股难题》一卷，文学方面有《仪郑堂骈体文》三卷、《仪郑堂文》二卷、《仪郑堂遗稿》一卷，后人汇编成《撎轩孔氏所著书》，又称《仪郑堂撎轩全集》。学术成就主要在公羊学、礼学、音韵学和数学方面。

汉代以降，公羊学被称为精奥，南北朝时还盛行于河北，此后《左传》大行，公羊几乎成为绝学。孔广森一改对公羊学的轻视，接续公羊学道统，重拾公羊家法，对《公羊传》校勘文字，正音释义，解经阐义，创新公羊家法，与公羊大师何休见解有许多不同，引发学界很多争议。刘逢禄认为不用汉儒旧传，与《穀梁》奚异，梁启超认为"㨖轩不通公羊家法，其书违失传旨甚多"，而阮元则称赞"广森深沉解剥"，张之洞认为"国朝人讲公羊者惟此书立言矜慎，尚无流弊"。虽然孔广森在书中曾用《左传》、《穀梁》证明何休之失，仅以此断定偏离公羊家法有失公允，但孔广森旁征博引，补充史实，为公羊学阐发微言大义提供了更为可信的佐证。

《大戴礼记》虽然在汉代就立于学官，但《小戴礼记》地位逐渐上升，《大戴礼记》却日渐乏人研究，以致"章句溷淆，古字多舛"，清初虽经戴震、卢文弨相继校订，但"经记绵褫，词意简略，大义难举，微言仍隐"。孔广森以北周卢辩所注《大戴礼记》为底本，参考诸版本进行比对，择善而从，增补了卢辩所缺的十五篇，并对全书进行了补注，校正读音，纠正文字，解释词意，阐发微言大义，对于争议处则列出各家观点并附以己意，尽可能地还原了本来面貌。阮元曾经称赞说"使两千余年古经复明白于世，用力勤而为功巨矣"。

音韵学方面，孔广森在前人研究的成果上"推偏旁以谐众声"，通过有相似偏旁的字在读音上必有一定联系入手研究古韵，创造出一套新的音韵分部和读音规则。他认为古音韵应该分成本韵、通韵和转韵，区别在于收音方式不同，将韵部分成阳声和阴声各九部，主张东、冬分部，阴阳可以互转，丰富了传统语言学的理论，对研究汉语言的演变和发展作出了重大贡献。

算学方面，孔广森所著《少广正负数内篇》和《少广正负数外篇》各三卷，探究传统数学难题，涉及平方、三乘方、诸开法、割圆弧矢、新设三角形、勾股难题、斜方求边等，最大的贡献在于将几何问题转化为代数，列方程求解，采用纯代数法进行推导，并总结归纳出一套高次方程的解法，对传统算法提供了新思路，扩展了原有研究宽度，在传统算学与近代算学之间起到了承前启后的作用。

广森仅有一子昭虔（1775—1835），字元敬，号荃溪，27岁中进士，曾官翰林院编修，官至贵州布政使。也研究音韵，认为韵学坏于吴才老，三代、六朝、唐、宋韵各不相同，意欲分定韵书，著有《古韵》和《词韵》，但均未完成。工诗文，著有《镜虹吟室诗集》、《镜虹吟室词集》、《经进稿》、《扣舷小草词》等；擅杂剧，有《荡妇秋思》和《葬花》

两种。无子，以广册孙宪恭嗣，生子庆辅，父子都中举人。庆辅曾续纂《圣门礼志》、《圣门乐志》、《圣贤像赞》。

（十四）孔继涵校勘研经

孔继涵（1739—1783），字体生，又字诵孟，号荭谷、南洲，自号昌平山人，六十七代衍圣公孔毓圻之孙，与孔继汾为堂兄弟。8岁丧父，22岁中举，33岁中进士，曾任户部河南司主事兼理军需局事，充任《日下久闻》纂修。在京任官六年，与戴震、钱大昕、卢文弨、姚鼐、周永年、罗聘、朱筠、邵晋涵等交游，研讨经史义理，训诂名物，校勘典籍。39岁时辞官归养，购置元代县尹孔克钦聚芳园，于池上构筑微波榭为书斋。一边侍奉母亲，一边潜心学术，校勘书籍，著书立说。著有《考工车度记补》、《杜氏考工记解》、《勾股粟米法释数》、《新加九经字样》、《同度记》各一卷，《水经释地》八卷，《红榈书屋诗集》四卷，《红榈书屋文集》两卷，《斫冰词》三卷等，校勘有《微波榭丛书》。

孔继涵兴趣十分广泛，天文历算、经史地理、金石考据、书籍版本皆有研究，尤精于历算和地理，以校勘、算学、经学、地理贡献为最大。

孔继涵喜爱收藏图书，藏书十万余卷，收藏汉唐石刻拓片千余种，与李开先并称为江北二家，遇到罕见藏书必校勘刻印，以造福学者。其校勘的书籍主要有汉代赵岐《孟子注》，晋朝杜预《春秋长历》和京相璠《春秋土地名》，唐代张参《五经文字》和唐玄度《九经字样》，宋代宋庠《国语补音》，元代赵汸《春秋金钥匙》等共 46 卷，刻印戴震的《算经十书》、《毛郑诗考证》、《考工记图》、《原善》、《续天文略》、《声韵考》、《声类考》、《毛郑诗考正》、《皋溪诗经补注》、《屈原赋注》、《水地记》、《策算》和《东原文集》13 种 99 卷。

校勘图书中以《算经十书》最为著称。该书本为戴震所辑，计有《九章算术》、《周髀算经》、《海岛算经》、《孙子算经》、《五曹算经》、《夏侯阳算经》、《张邱兼算经》、《五经算书》、《辑古算经》和《数书记遗》，加上戴震的《策算》和《勾股割圆记》，孔继涵校勘刻印时又增加《缀术》和《周髀音义》两种。对孔继涵刊印《算经十书》，阮元给予高度评价："无孔刻而十经之书终息，然则六书九数之子存也，户部之功又岂出相国学士右哉！"梁启超也高度评价说："曲阜孔氏复汇刻为《算经十书》，其移易国人观听者甚大。善夫！"

除汇刻《算经十书》外，孔继涵还进行算学的研究，所撰《同度记》考察度量衡的历史演变及其对应换算关系，书末还以表格形式列举了前代度量衡的换算技法，使得各自区别一目了然。

经学方面著述有《五经文字疑》、《九经文字疑》和《春秋地名考》，三书均是在校勘图书的过程中发现疑问后考据而成。戴震曾称赞其严谨的治学态度："孔君好古而知所从事，能去华取实于世之所不讲。余读是刻，核订精审，不徒有功小学而已。"

地理学方面主要有《水经释地》，他以戴震的《水经》为稿本，对其中的 123 条水道中的 105 条所经过的山川、郡县、古迹都进行了考证，并按照依水系分布地区分卷进行重新排序，广泛收集包括《二十四史》、《括地志》、《元和郡县图志》等各种资料，系统解决了各水道所经地名的沿革与清代地名的对照问题，并推断金沙江的源头沿革发源于西番之阿可达母必拉（今当曲）。

孔继涵有五子，即广栻、广根、广休、广闲、广权。广栻（1755—1799），字伯诚，号一斋，25 岁中举，终生未仕，延续家学，著有《春秋地名同名录》、《春秋人名同名录》、《春秋释例》、《世族谱补缺》、《释例补遗》、《长历考》、《春秋世族谱》、《春秋世族谱考》、《春秋土地名考》、《春秋土地名考补遗》、《疏引土地名》、《土地名考异》、《国语解订讹》、《左国蒙求》等经学著述，《藤梧馆诗钞》、《藤梧馆杂体文》

等文学作品集。广根（1764—1805）娶戴震长女，著有《秋蓼山房诗稿》和《秋蓼山房词稿》等。广权（1792—1845）著有《爱莲书屋诗集》、《观海集》等。

孔继涵家族也是科第世家，儿子中有一举人，孙子中有四举人，曾孙中有一进士三举人。后裔昭灿、昭恢、昭焜、昭煊、宪彀、宪遂、庆翰等都有著作，但多为诗文，仅庆翰有《简贯易解》、《续邵尧夫经世绪言》等经学著述。

自孔子创建儒家学派以来，孔子后裔一直延续诗礼传家的传统。隋唐实行科举制度以前，子孙主要传承经学，唐代以来基本是经学诗文并重，元明除经学外，也有人从事理学研究，清代乾嘉时期考据学兴起，学术研究转向汉学，到清末又呈现汉学、理学并重的局面。

一位名人创建了一个延续两千多年的学派，一个家族延续了两千多年的家学，不仅在中国历史上是唯一的，而且在世界历史上也是唯一的。

三、志学重教绍箕裘

孔子是中国也是世界上第一个伟大的教育家，他提倡并实践了有教无类的主张，首创私学，将教育扩大到民间，弟子三千，贤人七十，培养了一大批德才兼备的人才，弟子来自鲁、齐、宋、卫、晋、吴、陈、蔡、楚、秦等众多国家，鲁国俨然就是当时中国的教育中心。

在广育人才的同时，孔子也非常重视家庭教育，《论语》就有孔子教育儿子孔鲤学诗学礼和学习《周南》、《召南》的记载，从此孔子后裔以学诗学礼作为祖训，继承重视教育的传统，大力兴办教育，历代王朝也给予种种教育优待，使孔氏后裔成为文化教育最为发达的家族之一。

（一）帝王鼓励学习

历代王朝在不断追封孔子的同时，也不断加封孔子的长孙。其目的除显示崇儒重道、报答孔子的功绩外，还希望孔子长孙读书循礼，成为士林的表率，所以也一再教育他们要克谨家声，学诗学礼。

已知最早要求孔子长孙学诗学礼的是金章宗，他在颁给五十一代衍圣公孔元措的诰命中要求他"无忘诗礼之传"。

明朝皇帝对衍圣公空前关心。明太祖南京登基后，召衍圣公前来觐见，已退休的五十五代衍圣公孔克坚托言有病，派儿子孔希学前往。朱元璋十分恼火，亲自书写敕谕给孔克坚说："吾闻尔有风疾在身，未知实否？然彼孔氏非常人也，彼祖宗垂教于世，历经数十代，每每宾职王家，非胡君运去独为今日之异也。吾率中土之士奉天逐胡，以安中夏，虽曰庶民，古人由民而称帝者，汉之高祖也。尔若无疾称疾以慢吾国不可也，谕至思之。"孔克坚接到朱元璋敕谕，日夜兼程，赶到南京。朱元璋非常高兴，十一月十四日在谨身殿内亲自接见，对他极力笼络。"老秀才，近前来，你多少年纪也？"孔克坚回答说："臣五十三岁也。"朱元璋又说："我看

朱元璋与孔克坚谈话碑

朱元璋与孔希学谈话碑

你是有福快活的人，不委付你勾当。你常常写书于你的孩儿，我看资质也温厚，是成家的人。你祖宗留下三纲五常垂宪万世的好法度，你家里不读书是不守你祖宗法度，如何中？你老也常常写书教训着，休怠惰了，于我朝代里你家再出一个好人呵不好？"教育孔克坚读书是祖宗法度，要他读书写书，教育儿孙。二十日，孔克坚上奏"臣将主上十四日戒谕的圣旨备细写将去了"，朱元璋大喜，传旨："道与他，少吃酒，多读书者。"

如果说，朱元璋对年长的孔克坚尊敬有加外，对于年轻的孔希学就是教育备至。洪武元年（1368）十二月，加封孔希学为衍圣公，诏书要求他勤敏进学，恭俭成德，领袖世儒，益展圣道之用于当时，皇帝加封衍圣公就是希望他通过学习孔子思想，成为儒林领袖，弘扬孔子思想，以安定社会。为此，洪武六年八月二十九日，朱元璋接见孔希学时就谆谆教育他说：现在你已经袭封，爵至上公，不为不荣耀，这难道不是你祖先的遗荫吗？因为你是孔子的后裔，我不想让你在官员队伍中进行考选登录，正是为了保全你。你如果不读书就辜负了我的好意了。人从8岁到弱冠，大多昏蒙未开，不肯向学；从弱冠到壮年有了妻室，血气正盛，百为营营，无暇好学。现在你年近四十，志虑渐凝定，见识渐老成，正好读书，亲近明师良友，早晚讲明道义，必期有成。学成以后，四方之人知你的才能，都来执经问难，而且说此无愧孔氏子孙者，难道不是很美吗？四体举动是品德的外在表现，步履进退一定要安详，不可敧斜飞舞，久久习熟，遂为端人正士。我现在委婉教育你，你自己选择吧，回家后也以此教育子孙。自勉吧！自勉吧！此番教育可谓苦口婆心，希望衍圣公亲近明师良友，早晚讲明道义，成为赅通儒学的学者和端人正士，并按照皇帝的要求教育孔氏子孙读书循礼。

也许是受朱元璋的影响，明朝历代皇帝大都非常重视对衍圣公的教育。明成祖在加封孔彦缙为衍圣公诏书中要求他"勉修圣学，承藉家声"。六十一代衍圣公孔弘绪 8 岁袭封，明代宗十分关心他的成长，亲自篆写了"谨礼崇德"四字并铸成金印颁给他，命吏部选择一名教授进行教育。景泰六年加封衍圣公的诏书再次教育他"惟德可以经先，惟学可以继祖"，并颁发敕谕要求他"修身谨行，以孝悌为先；力学亲贤，以诗礼为本。和敬以睦祖姻，仁厚以处乡党，毋骄毋傲，惟俭惟良，庶无忝于宗亲，且有光于朕命"。弘治十六年（1503），明孝宗加封孔闻韶为六十二代衍圣公，诏书要求他"克勤进修，永终令誉，以副四方之观礼，以光百代之宗祀。夫忠信乃行乎州里，孝弟可通乎神明，尔惟钦哉！学在温故而知新，德贵择善而固执，此先师之明训而家学所世守者也。尔其懋哉！"嘉靖十七年（1538），明世宗赐给孔闻韶诰命要求他"宜服膺诗礼之训，恪恭宗庙之仪，体朕至怀，坚尔素志，允为吾道之光，尔亦有无穷之誉，其懋之哉"！嘉靖三十年加封孔贞干为衍圣公诏书说："惟秉心寅慎乃可以对光灵，惟制行光明乃可以表姻族，惟礼物恪修乃可以系四方之望，惟文献不坠乃可以为百世之征。尔惟懋哉，斯承朕之无斁"。几乎都直接要求衍圣公学诗学礼，承继家风。

清代时皇帝对衍圣公的要求更加严格。清高宗八次到曲阜亲自祭祀孔子，多次赐诗给七十一代衍圣公孔昭焕，告诫他"修己无过守礼乐"，要求他"克继家声慎勔旃"，并亲笔题写"诗书礼乐"颁给他，孔昭焕将皇帝赐额刻制成匾悬挂在二堂内。孔宪培袭封后虽然迟迟没有赴朝觐见，乾隆皇帝仍然对他学诗读礼赞赏有加，"学诗适合趋庭训，读礼因迟望阙朝"。清文宗也赐诗给七十四代衍圣公孔繁灏，教育他继承祖先遗风，学诗学礼，谦恭俭朴，"诗礼泽长庭有训，粥饘风古鼎留铭"。

皇帝不仅要求衍圣公学诗学礼，还要求衍圣公夫人承继孔氏祖训。明仁宗加封孔彦缙妻夏氏为衍圣公夫人的诏书要求"凡天下后世有事于修齐治平者，皆诵法孔子，矧配孔子之孙，可不慎哉？益懋率履，毋忝于家"，明世宗加封孔闻韶夫人的诰命更加直接，要求她"宜服膺诗礼之训，恪共宗

清乾隆皇帝题颁额

庙之仪"。

皇帝也要求孔氏族人读书循礼,成为百姓的榜样。明正德四年(1509),因为推荐曲阜世职知县,族人孔承章、孔承周赴京连名攻讦衍圣公不公,皇帝认为所奏多虚,但也改换了他人。孔承章等仍驻京奏扰,皇帝十分恼火,令锦衣卫镇抚司究问,考虑到是圣人子孙没有枷号决打,发往广西戍边。皇帝为此专门给衍圣公孔闻韶颁发了遵守家法的敕谕,要求衍圣公"佩服家训,进学修德,与族长、举事管理族人,读书循理"。清雍正皇帝在接见七十代衍圣公孔广棨时要求说:"至圣先师后裔当存圣贤之心,行圣贤之事,一切秉礼守义,以骄奢为戒。且尔年齿尚少,尤宜勤学读书,敦品厉行。不但尔一人,凡尔同族之人,皆当共相劝诫,共相砥砺,为端人正士。尔等果能遵朕训谕,学问日进,品行纯谨,不坠家声,即所以报国矣。"将对衍圣公的要求扩大到孔氏全族,并颁给御书"钦承圣绪"额。

(二)子孙自办教育

孔子的遗训,帝王的教诲,使得孔子的子孙们一直重视学习,重视教育。

孔子去世后，弟子们守丧三年，相互告别后散走四方，孔子生前的教育盛景不再，但由于鲁国弟子众多，加之孔子后裔亲子相传，曲阜仍然保持着浓厚的教育氛围，以致三百多年后司马迁来到曲阜，仍然可以看到"诸生以时习礼其家"、"诸儒亦讲礼乡饮大射于孔子冢"的景象。

孔子生前曾经亲自教育儿子孔鲤和孙子子思，子思也曾经教育儿子子上，由于八代以前孔氏单传，此前的教育主要以家庭为主，教育方式也是亲子相教。进入西汉，孔子思想成为国家指导思想，孔子后裔也兴旺起来，孔氏家族依然保持着重视教育、传承家学的传统，教育方式除亲子相传外，又增加了兄弟之间的相互切磋，子孙学脉相承，诗礼传家。

孔氏家族"世以家学相承，自为师友"，汉魏时形成了著名的汉魏家学。从文献记载看，学术一是在家族中内部传承，主要依靠家庭教育；二是向家族外传播，主要依靠创办私学。

西汉时，家庭教育一是在孔子故里，一是在京师长安。在孔子故里者是九代长支孔鲋和二支孔腾后裔，长支在西汉末十四代孙孔吉获封殷绍嘉侯以前应该生活在曲阜，二支虽然出仕为官，但在十三代孔霸获封褒成君以前也生活在曲阜，"今仲尼之庙不出阙里，孔氏子孙不免编户"，子孙户籍仍在鲁国。长支入魏后由宋公降为宋侯，入晋后仅有一子获封驸马都尉，其后失传，从可见资料看学术方面贡献不大。二支从十一代开始学术传承形成两个系统：长子孔武家族主要传承《今文尚书》，孔延年、孔霸、孔光均以此为博士，到东汉时家族传承发生了变化，以《春秋》为主；次子孔安国本来也是以《今文尚书》出身为博士，但自孔子故宅发现古文经书后，家族今古文尚书兼修，一直延续十一代到三国初期因后嗣失传才中绝。在长安者是三支孔树后裔，由于其子孔聚随汉高祖起义获封蓼侯，子孙户籍迁至京师。虽然他是军功起家，但子孙仍然传承家学，家族具有很高的文化素养，二子孔臧、孔让均以博士出身，孙孔琳学问广博，曾孙孔茂仕宦官至大司徒，封关内侯，遗憾的是到十四代就全部失传了。

先秦时期，孔氏家族不仅在本族内传承家学，还自办教育，将家学向外传播。孔子后裔继续收徒设教，子思、孔鲋都曾设学。孟母三迁，最后就是迁到子思门人教学的地方，孟子才去专心学习，子思弟子传道孟子，形成了战国时期显学——思孟学派。叔孙通随孔鲋学习，遵师嘱托赴秦入仕，而孔鲋临终又要求弟子们去追随他。汉代时，十四代孔光明经学，未满二十为议郎，再举贤良方正，任谏议大夫，因为议论不合旨意，被贬官为虹县长，主动辞职，归家教授，成帝时召为博士，以高第为尚书后才不再继续收徒。孔安国曾孙孔立善诗书，后游京师，与刘歆友善，哀帝时师丹主政，孔立常常讥刺师丹，因此返归故里，"以诗书教于阙里，生徒数百人"。十九代孔宙官至泰山都尉，仕宦不忘施教，徒弟众多，从他的墓碑题刻看，有门生42人，弟子10人，门童1人，来自近二十个郡国，分布在今山东、河南、河北、江苏、安徽等地。二十代孔长彦、季彦兄弟遵照父亲遗嘱，留守父墓于陕西临晋，传承家学，收徒设教，弟子上百人。

汉末社会动乱，孔氏家学受到严重冲击，魏黄初二年（221），曹丕下诏说"遭天下大乱，百祀堕坏，旧居之庙毁而不修，褒成之后绝而莫继，阙里不闻讲诵之声，四时不睹蒸尝之位"，"其以议郎孔羡为宗圣侯，邑百户，奉孔子之祀。令鲁郡修起旧庙，置百石吏卒以守卫之，又于其外广为屋宇以居学者"，下令恢复孔子长孙的世袭爵位，并扩建孔氏家学。

东晋以后，北方遭到少数民族的入侵，中原世族纷纷南渡，孔子后裔大部分渡江南下，长孙寓居建康，其他族人多居浙江。南渡子孙仍然保存着重视教育的传统，九十一位子孙中20人有著述五十多种，子孙绝大部分出仕，许多人位至高官，官至太守以上的就有四十多人，文化兴盛使他们成为江南望族。

曲阜早期属于南北争夺的区域，孔氏家学也遭到冲击。东晋太元十年（385），使臣李辽"路经阙里，过觐孔庙，庭宇倾顿，规式颓弛”，请求“赐给《六经》，讲立庠序，延请宿学，广集后进”，后因主持人去世而未能实现。南朝宋元嘉十九年（442），文帝下诏令鲁郡恢复孔氏家学，“阙里往经寇乱，学校残毁，并下鲁郡，修复学校，采召生徒”，但不久曲阜落入少数民族之手，教育再次受到破坏。

隋唐时期未见孔氏家学的记载，但孔氏家族仍然保存重学的传统，从唐代科举兴盛就可以得到证明。长孙一系三十五代孔贤进士及第，三十九代文宣公孔策明经及第，四十代文宣公孔振、孔拯兄弟状元，而孔颖达一支科举更盛，孔岑父六子三进士一明经，七孙四进士二明经，十二曾孙二状元五进士二明经，七曾孙四进士，良好的家庭教育才能造就众多的人才。

北宋初年，孔氏家学仍然存在。大中祥符元年（1008），真宗祭祀孔子后，下令将驻跸斋厅去除螭吻作为讲书之用，“讲学道义，贵近庙庭，当许于斋厅内说书”。次年，孔子四十四代孙、仙源县知县孔勖上奏朝廷请求在家学旧址重建讲堂，重建后的讲学堂“栋宇崇崇，户牖空空，师席斯正，学人斯同”，后因孔勖之孙孔舜亮、孔宗翰兄弟于皇祐元年（1049）同科进士及第而改称双桂堂。此后，国家为孔氏家学设置学官和拨给经费及土地，虽然名称庙学，但孔氏家学逐渐蜕变为官学。

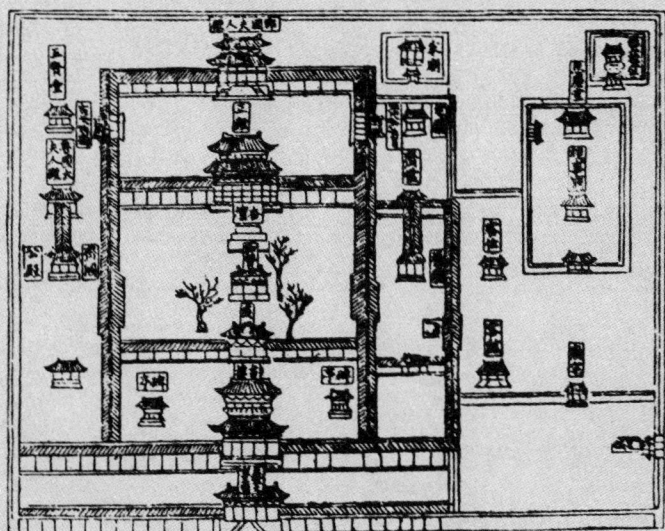

宋代时家学双桂堂位于东北角

（三）衍圣公府家学

明代国家加强了对孔、颜、曾、孟四氏学的管理，四氏学与各级国立学校一样设置了廪膳生员和增广生员名额，只有经过考试合格者才能成为学校的学生，虽然也设置了附学生员，附学生员不是正式功名，但也需要具有一定的学识，因此改变了所有孔氏子弟都可以入学的传统。初学者不能进入官学，只能在家接受初等教育，因此衍圣公府重新设立自己的家学。

孔氏家学在宋元时设有专门教育衍圣公胄子的教官学正，明洪武裁撤后虽然学校内有教室公子号房，但无专人教诲。景泰六年（1455），五十九代衍圣公孔彦缙去世，年方8岁的六十一代孙孔弘绪应该袭封，但受到族人的欺凌，庶祖母江氏诉于朝廷，皇帝特命在乡守丧的少詹事孔公恂管理，年底孔弘绪进京袭封，皇帝令选择一位教授专门教育。孔弘绪因宫室逾制被罢免衍圣公后，朝廷意识到衍圣公教育的重要性，决定实行应袭衍圣公者先到国子监学习一年然后再袭封的办法。六十四代衍圣公孔尚贤袭封时，六十二代衍圣公孔闻韶继配卫氏（宣城伯卫璋女）"白于诸司，择延师

诲，陈请钦命，取入国学习礼，爵祀不以紊坠"，陈请朝廷按照规定先入国子监学习然后袭封，并告知有关部门选择老师进行家庭教育。

明清时衍圣公地位空前提高，更加重视教育，衍圣公府的东路和西路分别命名为东学和西学，书屋悬挂上"东趋家庭学诗学礼承旧业，西瞻祖庙肯堂肯构属何人"的对联，西学忠恕堂悬挂上七十三代衍圣公孔庆镕题刻的"天眷龙光匪懈精勤惟就学，祖谟燕翼大成似续在横经"的对联，连厢房也悬挂上"礼门义路家规矩，智水仁山古画图"的对联。

清代时衍圣公府长期聘请家庭教师。乾隆三十二年（1767），七十一代衍圣公孔昭焕在回答乾隆皇帝的询问时说："长子宪允十二岁，……现读《诗经》，从浙江庚辰科举人沈启震读书"。孔庆镕有诗注说："嘉庆壬戌夏六月，沈古村先生以返菱湖，维扬黄秋平在曲课镕读书"。沈启震在孔府任教三十多年，至嘉庆二年（1797）夏才离去，而接任的是维扬黄秋平。那时家庭学校设于西学红萼轩内，黄秋平非常严厉，对衍圣公孔庆镕严加管教，甚至扑打，嗣母于氏不能插手，只能在旁偷偷垂泪。孔庆镕曾经有诗记载说："红萼轩东旧有梅，当年炎夏讲堂开。新师性愎儿遭扑，慈母心酸泪满腮"。衍圣公父死子继，不需要考试，但教育非常严格。孔庆镕年幼入继大宗，嗣母于氏非常疼爱，生父孔宪增

孔府红萼轩——清代中期衍圣公府家学

孔德成幼年读书的学屋

认为溺爱难以成才，严加管教，甚至以板凳腿击打，引起于氏不满，上诉到朝廷，激化了家族矛盾。

皇帝对衍圣公的教育也非常重视，光绪皇帝曾当面要孔令贻"延请名师"。光绪二十年，皇帝问孔令贻："你在家做什么？"孔令贻回答说："写字看书。上年奉上谕，命臣延请名师，奈臣家空乏，请不起。"可能是孔令贻故意哭穷，因为下面接着他就向皇帝回报说："又蒙上谕，查找祀田。臣已咨请两江总督刘坤一、山东巡抚福润，并不与臣查找。"皇帝问"他们为什么不找？"孔令贻回答说："祀田系湖团地，均在沛县，此地归徐州道收粮。不知有何手眼依他们将祀田归于臣，格外人情并非臣本分"。即使到民国中期，孔府入不敷出，仍然重视子女的教育，并且紧跟时代，聘请不同学科的老师为子女授课。

七十六代衍圣公孔令贻（1872—1919）一子二女，去世时二女德齐、德懋分别只有4岁和2岁，德成次年才出生。为教育年幼的孔德成姐弟三人，孔令贻继配夫人陶文潽（1879—1930）相继聘请了王毓华、庄陔兰和吕金山三位长期老师，詹老师和边老师等短期教师，1924年还聘请吴伯萧教过一年英语。长期老师中，庄陔兰进士出身，曾任翰林，应教孔府，不要薪俸，算是客居，教授经学和书法，吕金山是举人，王毓华是新式学堂毕业。学堂开设"五经"、

"四书"、七弦琴、数学、英语、地理等新旧课程。孔德成（1920—2008）姐弟三人都是 5 岁入学，一般夏天六时半读早书，八时与老师共用早餐，餐后有授经、书法、作文、写诗等功课，十二时下学，回内宅与母亲午饭，午饭后继续受经、学诗、书法，六时晚餐，冬日早读推迟一小时，晚餐提前一小时，但晚上要上灯学一小时，每天还要记日记。孔德成 1933 年 2 月 23 日日记记载一天课程非常详细："早七时起，盥漱毕，受《礼记》一号，自'孔子曰'至'燕则髦首'、九时记日记，用早点，写小字六行，受《左传》一号，自'有穷后羿灭之'至'遂弗视'，温《诗·大雅·常武》一篇，《礼·郊特牲》三张。十二时下学，午饭后一时至校，写大字三张，对联一副，受《左传》一号，自'贾辛将适其县'至'女遂不言不笑夫'，受《文选·报孙会宗书》一号，温《左传·僖公十六年》三张，《下孟》三张，《鲁论·里仁》一篇。五时下学，晚饭受《说文》一小时。八时记典，十时寝"。每天在校学习 9 小时，学习内容包括《礼记》、《左传》、《诗经》、《论语》、《孟子》、《文选》和《说文解字》。这时孔德成刚满 13 岁，相当于现在初中一年级，《诗经》已经读到第 263 篇（共 305 篇），《左传》已经读到《昭公二十八年》，大约 80%，《礼记》读到《杂记下》，已经过半，《文选》已经过半，《孟子》已经温习《下孟》，应该是结束或将要结束，《论语》温习第四篇，也应该过半。学习不是读读而已，而是要达到倒背如流的程度。孔德懋晚年回忆说，"读书时，老师极少讲解，只是一味要我们背诵，顺序背诵还不算，还要倒着一句一句地背"，"记得我上学第一课，老师就叫背诵《诗经》，'关关雎鸠，在河之洲。窈窕淑女，君子好逑'，正着背完又倒着背，'君子好逑，窈窕淑女，在河之洲，关关雎鸠'"。学习新内容，还要温习已经学过的内容，上面日记就记载温习《诗经·常武》、《礼记·郊特牲》、《左传·僖公十六年》、《下孟》、《论语·里仁》。此外还要写诗，这年8月2日的日记就记载说："受《礼记》一号，《左传》二号，温《礼记》、《诗》、《左传》各一号，写小字六行，大字三张。《蟋蟀》一首：'皓皓残月带荒村，耿耿寒灯一穗昏。窗前蟋蟀愁思里，虫声凄凉欲招魂'"。虽然规定10天一休，定在"成"日，但很少休息，只有祭祀、扫墓时才放学。没有暑假，春节放假，仍然自学。1935年正月初二，孔德成日记就记载说："温《礼记》、《左传》、《说文》、《文选》、《诗经》五小时，写小字六行，大字三张"。现在人们整天大叫孩子们学习负担太重，与孔德成先生的幼年比起来要轻多少？孔德成师生关系很好，陶氏病后，孔德成随王毓华同住。日寇入侵，庄陔兰年老留府教育三小姐（孔德成堂伯父孔令誉之女），王毓华协管府务，吕金山随孔德成南迁重庆。抗日胜利后，王毓华赶往南京，后与吕金山都随孔德成南迁台湾。

孔府并不封建保守，孔德成两个姐姐都不缠足，出闺前都受到很好的教育。她们与孔德成一样接受教育，孔德懋幼年读书日记就这样记载："早七时起，梳洗毕，七时半到校，受《礼记》一号，自'八周'至'上士二十七人'。九时用早点，写小字六行，受《左传》一号，自'公会齐侯拔来'至'齐泄治之魏乎'，十二时下学。午饭后一时拜影堂，又拜佛堂。一时半到校，写大字，受《左传》一号，又受唐诗二首。五时下学，往后园散步。晚饭后到校，温《诗经》。八时记日记，稍憩，十时就寝"。

（四）夫人重视教育

重视教育，女性也不遑多让。匡亚明先生认为，孔子3岁时从尼山迁居到鲁国都城后就是在母亲教育下成长的，但这只是推测，并没有文献资料的支持。早期文献资料不足，从明代开始，孔氏女性重视教育的记载就多了起来。

女性重视教育，一是教育子女。五十九代衍圣公孔彦缙父亲早卒，在母亲胡氏（1384—1436，进士胡复性之女）的亲自教育下，他不妄言笑，未曾贪图玩乐。六十代长孙孔

六十一代衍圣公侧室江夫人像

承庆未袭先卒，二子年幼，夫人王氏（1419—1481）"少读女教诸书，善于笔札"，亲自严加教育。六十一代衍圣公孔弘绪继配袁氏（1467—1541）教育诸子说："国家崇德象贤，优礼世世，汝辈宜图报称，以光厥祖，毋自纵逸坠厥宗"，不能放纵安逸，要报答国家，增光祖先。侧室江氏（1457—1630）也教育诸子作为圣人后裔受到国家优待，要严格要求自己，即使小节有过也对不起祖先，而对不起祖先也就是对不起国君。在她的教育下，诸子都务学秉礼，闲时诗歌唱和。六十二代衍圣公孔闻韶继配江氏（1497—1575，英宗功臣宣城伯卫颖孙女）为教育年幼袭封的孙子，选择老师在家教育，并陈请朝廷同意送入国子监学习。民国初年，兵荒马乱，孔府日渐衰落，七十六代衍圣公孔令贻去世后，继配夫人陶文潏主持府务，非常关心子女的教育，开设家塾，聘请宿儒名师担任家庭教师，并创办私立明德中学，教育四氏子弟和庙户、佃户子弟。孔昭诚妻叶俊杰（1781—1861）能诗善画，丈夫 34 岁卒于吴桥知县任上，家贫如洗，她亲自教育子女，三子宪琮、宪璜、宪恭分别于 1843 年、1831 年、1837 年中举，三女晋孙、芳孙、印孙（韫辉）均嫁入名门，晋孙、印孙也工诗词，印孙还工画。孔广彬（1754—1791）继配陈绍荪（1759—1849）在丈夫去世后，抚养 12 岁的昭杰和刚满周岁的昭然，儿子分别考中举人和进士后仕宦在外，又亲自教育诸孙，诸孙长成后，又向曾孙庆第授经。孔昭杰在《三世授经图》上题跋说："昭杰生十二岁而孤，时弟昭然甫三龄，皆仰赖吾母教育得承先人之遗绪，洎昭杰兄弟筮仕四方，吾母又课诸孙，今且授曾孙庆第经矣"。孙子中宪彝、宪勋均考中举人。孔昭杰（1780—1852）仕宦在外，夫人孙会祥（1777—1827）在家教育子女，"亲教幼子三千字，善抚螟蛉二十年"，次子宪彝考中举人，三子宪庚拔贡出身，三子均出仕，并有文集传世，盛大士称其三兄弟为三才子，因此有一母三才子之誉。

二是鼓励和支持丈夫努力向学。孔闻诗婚后荒于学习，妻子鲍氏（1486—1557）背诵《诗经》"鸡鸣"诗劝夫力学，终于使丈夫早立名声。孔弘盛妻王氏（1515—1572）婚后操持家务，丈夫有弟7人，事无巨细，以身为先，夜晚纺织助夫学习，使丈夫早日科举中式。

（五）全族重视教育

孔氏家族一直重视教育，明代时衍圣公制定的族规特别要求族人崇儒重道，好礼尚德，务要读书明理，流寓支派族人制定的族规也都规定要重视教育。

　　族规规定的教育有两种：一种是全族的普遍教育；另一种是青少年的学校教育。

　　全族教育依据来自《礼记》，"春秋教以礼乐，冬夏教以诗书"，福建建宁三滩孔氏族人乾隆二十五年增补族规规定"读书：祖为万世师表，后裔稍有聪颖者，春夏教以礼乐，秋冬教以诗书"，要求族人四时读书。福建建宁巧洋孔氏族规规定每年族人于清明、端午、中秋、冬至后一日各面课一次，年十五以上、五十以下的族人不论生、监、儒童都要参加，每次作文两篇，每季还要交文四篇，一年共教作文二十四篇，不能按时交文者和面课不到者予以罚银，罚银后仍须补交作文，作文进行评比，优秀者给予奖励。

　　对青少年学校教育几乎每个族规都有规定。江苏丹阳孔氏族人在明朝天启家谱中要求子孙习经史，知礼义，通达者贵至卿相，科举不顺者也可为人师友，资质不堪造就者也要学习礼节。四川蓬州孔氏族规规定"子孙宜教：中养不中，才养不才，父兄能贤，子弟之乐。是以三迁有教，终成千古大儒，五桂齐荣，皆缘义方时训。我族众皆有昆弟子侄者，倘不遵此政，是背圣祖爱能勿劳之教也。请公法治"，要求父兄一定教育昆弟子侄。岭南孔氏家规规定族中子弟要时时以圣人后裔严格要求自己，必须选师读书，直到证明确实不是读书的材料才允许从事其他行业，族人都要支持族人读书求仕。

为了鼓励家族都来重视教育，许多支派都制定了奖励措施。湖北枝江孔氏族规规定，不论贫富，考中庠生（秀才）、升为廪生者各奖励钱十串，拔贡、中举、进士者加倍，此外族内各房还要赠送。福建建宁县巧洋孔氏族规除规定祭祀时除颁胙奖励外，还发给贺银与举人入京会试的盘费，文秀才赏银3两，武秀才2两，监生2两，拔贡和岁贡5两，捐贡3两；文举8两，外加赴京考试盘费8两，武举6两，外加赴京考试盘费6两；进士文30两，武20两；状元文50两，武40两；出仕做官后要加倍返还。

江西临川孔氏奖励措施更加详细具体：凡应童子试，在府县考试进入前10名，虽然还没有考中秀才，春节家族团拜时奖赏祭品饼饵；考中秀才和进入国子监读书者举饼二对；考中举人、考中拔贡和推荐为岁贡者举饼四对；考中进士者举饼十对；官员通过考绩、出仕等也给予奖励。不仅春节团拜时奖励，春秋祭祀时也给予相同的奖励，而且在家族祭祀时由官职最高者主祭，其父主祭启圣祠，以示荣耀。对读书考中各级功名的奖励，不仅给予本人，还给予支持读书的父母，父母不在，兄嫂支持者给予和父母一样的奖励，即使父母健在，兄弟分居，也给予支持读书成名的兄或弟。

为更好地教育族人，衍圣公规定，曲阜60户每户都要创办本户的学校，学校位于本户祠堂的东侧，延请师儒教育本户子弟，流寓外地的族人也纷纷开设学校。

清末废除科举后，孔氏家族的一切优待全部废除，为了使族人得到良好的教育，衍圣公府创办了曲阜四氏师范学堂，师范学堂被收归省有后，1925 年又创办了私立明德中学，每年拨给经费 5400 元，占孔府当时年收入的近 20％，孔氏族人全部免费，孔府佃户和庙户子弟减半收费。流寓全国各地的族人也大都建造了家学，族人出资购置田产，作为学校的长期开办经费。

（六）国家设学优待

对于孔氏后裔的教育历代王朝都非常重视，设置官办学校，委派学官，赐给学田，明代设置生员甚至举人名额，给予了种种科举优待，清代废除科举制度后，又为孔氏等圣贤后裔设立师范学校。

两汉时，孔子后裔孔立、孔光、孔宙等人已经收徒设教，产生了很大影响，形成著名的孔氏家学。三国魏国介入孔氏家学，扩大规模，东晋、南朝宋都曾下诏进行维修，从南朝齐到到北宋初，五百多年间文献中完全没有孔氏家学的记载，原因是国家没有介入。

北宋大中祥符二年（1009），经四十三代文宣公四子、仙源（即曲阜）知县孔勖奏准，在家学旧址重建孔氏庙学。从此孔氏庙学越来越受到国家和地方官的关心，乾兴元年（1022），兖州知州孙奭捐俸维修，并请杨光辅为讲书。他改任判国子监后上书朝廷说，他任兖州太守时为孔氏建立了学舍，学生有数百人，自己虽然以俸禄资助，但常常不敷其用，请求朝廷赐给10顷土地以供学粮，获得朝廷同意，孔氏家学成为第一个国家拨给土地的学校。庆历三年（1043），在范仲淹兴学热潮中，将孔子出生地尼山的孔子庙改为尼山书院，也拨给祭田。元祐元年（1086），将庙学迁于孔子庙东南隅，朝廷赐给国子监书籍一套，设置教授官一员，在推选的学官中选用，或者委托本路监司保举有行义之人充当，以教谕孔氏子弟，内中举人按照本州学生的标准供给。不久增加颜回和孟子后裔，再拨给尼山附近土地20顷作为学田以供庙学生员膳食，并赐给经史书籍各一部。元祐四年，增设学正、学录各一员，专门教育奉圣公（不久复改为衍圣公）胄子，文彦博举荐尹复臻担任庙学教授。北宋设置学官，赐给学田和书籍，使孔氏家学逐渐变成了官学。

金代时孔氏家学纳入国家管理。明昌元年（1190），朝廷下诏维修庙学，设置教授一员，令在四举、五举终场进士中选择博学经史、众所推服者充任，规定经府试合格和终场免试参加会试的人员可以不超过 20 人，当时国家规定最高级别的京府府学也不能超过 15 人，同时规定庙宅（居住在孔庙后部的孔氏近支族人）13 岁以上孔氏子弟都可以入学学习，按照兖州府学标准给予已经熟悉辞赋经义准备参加科举考试的孔氏子弟每人每月官钱二贯，米三斗，还不具备考试资格的小生减半供给。

元代时，皇帝直接过问孔氏学校。蒙古中统元年（1260），经姚枢奏请，世祖下诏令杨庸为教授，要求他对圣贤后裔严加训诲。至元三十一年（1294），朝廷一次拨给学田 59 大顷 50 亩。某位皇帝还曾颁发"戒饬曲阜庙学诏"给曲阜庙学，要求有司屏游观，严洒扫，敬而勿亵，尽心教育。皇帝的关心，使学校受到更多的优待。中统元年按照旧制设立曲阜庙学，遴选师儒担任孔、颜、孟三氏子孙的教授、学正、学录，三氏子孙入学读书享受朝官子弟入国学读书的待遇。由于学官由有司任命，任命不及时，致使学校废弛，延祐六年（1319），朝廷议决学官改为由衍圣公遴选，报朝廷批准任命。

明代，孔氏家学逐渐成为标准官学，主要表现在颁给学校官印、设置生员和贡生名额、设置举人名额、设置学官、建造校舍等几个方面。

洪武元年（1368），将学校改称孔、颜、孟三氏子孙教授司；成化元年（1465），改称孔、颜、孟三氏学，衍圣公孔弘绪奏准朝廷颁给三氏学官印；万历十五年（1587）增加曾子后裔，改称孔、颜、曾、孟四氏学。

洪武二年，国家规定了各级国立学校学生名额，府学40名，州学30名，县学20名，并给予廪膳，但没有给予三氏学名额。明正统九年（1444），五十九代衍圣公孔彦缙上书朝廷要求设立学生名额，朝廷虽然同意了他的要求，但仍没有明确。嘉靖六年（1527），山东巡抚刘节奏请按照府学或州学之例设置廪膳、增广和附学等生员，经礼部议准，照州学例设置廪生、增生各30名。万历四十年（1612），山东提学道陈瑛向山东抚按建议四氏学按照府学规格增加廪生、增广生员各10名，山东抚按报请朝廷同意，达到了地方最高等级的府学规模。除廪生、增生外，明代时四氏学还设有儒童名额。

贡生即各级国立学校将优秀生员贡送到国子监，在国子监读书一段时间后可以通过考试授予官职。在明代有岁贡、选贡、恩贡和纳贡数种，除纳贡无额外，国家按照府学级别分别设置了名额。

岁贡始设于明洪武十七年（1384），但没有给予三氏学名额。成化元年，衍圣公孔弘绪上奏朝廷请求按照府学给予贡生名额，经礼部商议后，按县学例每三年贡 1 人。正德四年（1509），颜氏生员颜重礼具疏反映贡生只有孔氏子孙而无颜孟子孙不公平，礼部建议每到孔氏贡三名之年同贡颜氏1 人，再贡三次之年同贡孟氏 1 人，皇帝不同意礼部意见，下旨说"孔氏子孙岁贡仍照旧例，颜孟子孙不必搭贡，于第次贡 1 人"，但皇帝的这个旨意并不明确，这可难坏了礼部，"于第次贡 1 人"，如何贡，又不敢去问皇帝。皇帝说颜孟子孙不必搭贡，正德十五年（1515）孔氏已贡 3 人，学官只好改为只贡颜氏，这又引起孔氏的不满。三氏学教授上疏认为对孔氏不公平，按照此办法，24 年间，孔氏贡 6 人，颜、孟各 1 人，而在校生员孔氏占十分之九，而颜孟才占十分之一。经山东提学、抚按与礼部等商议后报请皇帝同意，恢复了孔氏三次后同贡的办法。嘉靖六年（1527），学校按照州学规制设置廪生 30 名，贡生也相应按州学例改为四年贡 3人，万历四十年廪生增至 40 名，也按府学例改为一年一贡。岁贡是孔氏贡生的最大宗，明朝大约有一百一十多人。

选贡始于弘治年间（1488—1506），又称拔贡，每三年或五年从府州县学生员中考选学行兼优者充贡。孔氏生员中选始见于明正德十二年（1517），明代有 10 人中选。

恩贡是明代增加的贡生名目，每遇皇室庆典，根据各学常贡名额本年加贡一次。孔氏生员恩贡明代共有 4 人。

陪祀恩贡是明代增加的孔子后裔特有的贡生名目。明代时，每代皇帝即位后一般都会亲自祭祀孔子一次，从景泰元年（1450）开始，皇帝亲自释奠孔子都会派人到曲阜召衍圣公率三氏子孙入京观礼，礼成后最初都是赐宴赐物；天启五年（1625）始命四氏陪祀生监和奉祀生皆以恩例准贡，此后成为惯例。陪祀恩贡也就成为孔氏贡生的第二大宗，明代三次有 10 人。

副榜始于元代，乡试时在举人原额外附加录取若干名，可以授予郡学学录或学校教谕等职。明嘉靖时复置，定为每正榜 5 名取中 1 名，称作副贡，不能参加会试，但可以参加下届乡试。孔氏副榜贡生始见于明天启元年，明代共有 2 人中选。

各级国立学校都是只有廪生定额，没有举人名额，只有四氏学设置了举人名额。北宋末以后，曲阜成为宋、金、蒙古长期争夺区域，人口急剧减少，孔氏家族文化水准也大幅降低。入明以后，虽经二百多年的休养生息，孔氏家族文化水准逐渐提高，但科举并不兴盛。二百五十多年仅在景泰甲戌和成化丁未两科分别有孔公恂和孔弘颐考中进士，考中举人也不过 20 人，与孔子后裔的身份实在不相称。天启元年，云南道监察御史李日宣为此上疏朝廷，请求为孔氏设置举人名额。礼部意见每科增加 1 人，山东乡试时，将孔氏应试生员"另编耳字号，于填榜之时，总查各经房有无孔氏中式，如其无人，通取该学之卷，当堂公阅，亦必择其文理稍优者中式一名，以加于东省原额之外"，皇帝同意此办法，但批示不必限定 1 人。于是从辛酉科开始，将孔子后裔试卷单编耳字号，每科选定 2 人中式。崇祯九年（1636）开始，将举人名额分给了鲁王后裔 1 名。明亡以前共有八科乡试，孔氏后裔共有 11 人中举。天启增设举人名额后，孔氏科举大盛，次年进士中式 2 人，明朝灭亡前九科会试共考中进士 5 人。

明洪武元年，学校设置了教授、学正和学录 3 名学官；七年，裁去学正，仅保留教授和学录。教授在金代时从进士中选任，元代改为遴选，明洪武元年改为"于师儒官内保升"，其后朝廷决定几经变化，万历十五年改为由山东提学从本省儒学教谕、训导中择优选举后送衍圣公咨送吏部题升，四十年改为直接由部中题授。四氏学教授为从九品，职责为考论道德，申明伦纪，讲究经史，训课文艺，表坊士类，化导风俗，孔子庙祭祀时充当领班官，率领四氏学诸生随班陪祭。学录是孔氏家学特设的学官，"天下学宫皆用教谕，独四氏学用学录，盖以比隆国学，亦以圣贤子孙不与他学同也"。学录没有品级，明代时由师儒官内保升，宣德元年改为由孔氏出任，由衍圣公会同族人公举年德俱尊、学问优长者咨部铨授，职衔属国子监。其职责为绳愆纠谬，察功

考过，劝勤惩惰，纪事司籍，孔子庙祭祀时充当监祭官，检查祭器陈设。国家规定，孔氏家学教授不用孔氏，但学录必须是孔氏，"异姓则师严而道尊，宗人则情亲而爱笃"。

国家给予的经费一是学田，二是学生廪米，三是杂费。

给予学田始于宋元祐元年，朝廷拨给尼山土地 20 顷，元代至元三十一年（1294）拨给沛县土地 50 大顷，曲阜土地 9 大顷 50 亩，元统元年（1333）拨给没收贪官在郓城县的土地 8 顷 89 亩和房屋 29 间。明代时山东地方官员还为四氏学购置学田，万历二十八年山东巡盐御史吴达可以郡县赎款购置曲阜、泗水土地共 7 顷 56 亩，作为生员科贡盘费，三十七年巡盐御史毕懋康也以郡县赎款购置曲阜土地 3 顷 26 亩，四十年兖州知府陈良材续查拨给学田 58 亩 8 分，连同其他捐赠，四氏学共有学田 24700 多亩。

给予学生廪米也是始于宋朝，明嘉靖十九年（1540）给予 30 名廪生廪米，每人每年 12 石，闰月加给 1 石，共计 373 石，后来增加的 10 名从学田收入内支给。不久改米折银，共给银 370 两。

杂费始于明代，主要有岁贡袍、帽、伞盖银 13 两 9 钱 7 分，斋夫、门子、斗子、膳夫等各役 18 人的工食等银 180 多两。后来廪生不再统一就餐，膳夫银两逐渐减少至 24 两多，杂费也就减少到 135 两。

三国时魏国就在孔子庙外建造校舍，学校位于孔子庙附近。宋代国家再次建造孔氏学校，初建讲学堂位于孔庙东北角，元祐元年改建于东南隅。金明昌元年下诏维修庙学，学校仍位于孔子庙东南角。明洪武十年重修，有房 57 间，弘治十一年扩修至 110 多间。由于学校位于衍圣公府与察院、布政司、按察司行署之间，地方太小，万历十年将学校东迁至泮宫之北，万历四十二年知县孔贞丛再迁至孔子庙观德门之西。新建的学校前有璧水、状元坊，设大门和仪门各三间，门内是明伦堂五间，有东西厢房启蒙斋和养正斋各五间，是生员读书处；堂后是尊经阁，阁左右厢房各五间名公子号房，分别是应袭衍圣公和四氏博士幼年读书处；堂东是教授宅，西是学录宅，各有正厅和后堂各五间，后堂还有东西厢房各三间。

满族入主中原后，全盘承认孔子裔孙在明代的特权，孔、颜、曾、孟四氏学一切仍旧，并不断给予新的优待。顺治十四年（1657）将崇祯七年拨给鲁王宗学的 1 名举人名额返还孔氏，雍正二年（1724）再增加 1 名，乾隆元年（1736）时还一度增至 4 名。生员名额没有变动，清康熙四年增设了武生名额，每遇岁试考取 15 名，陪祀恩贡增加为每次 7 人。清代提高了学官级别，清乾隆七年将教授从明代从九品改为正七品，清雍正十三年将明代没有品级的学录定为正八品，教授可以与其他官员一样升转，学录于清乾隆二十六年改为由衍圣公报部除授。学官俸禄在明代时由衍圣公从孔庙祭田收入内支给，薪银和马草银由曲阜县支给，清代制定百官品俸时改为均由曲阜县正项钱粮内支给，教授、学录每年俸银59两9钱6分，斋薪银各12两，马草银各12两。

清光绪三十一年（1905）废止科举取士制度，改行新式教育，清政府颁布的《奏定学堂章程》要求每省于省城设一所优级师范学堂，各府设一所初级师范学堂。曲阜只是县级单位，按规定不能建设师范学堂，但圣贤子孙历来在教育上受到国家优待，山东地方官员也非常重视圣裔的教育，巡抚杨士襄指令在孔庙东侧的原兖州府东考院创建"曲阜县官立四氏初级完全师范学堂"，每年经费为白银4960两。

曲阜四氏师范学堂于光绪三十二年正月正式开学，由时任钦命会同稽查山东全省学务的袭封衍圣公孔令贻出任学堂总理，总领一切，政府行文先发衍圣公府，学堂监督由衍圣公推荐任免，账务报衍圣公府核存，学堂的监督、监学、庶务、收支、文案、检察等职员也多由孔庙执事官和原四氏学学录等兼任。

学生初期定额100名，规定从孔、颜、曾、孟四氏的贡生、廪生、增生、附生以及文理优长的监生中招收，先试学四个月，"须在四个月内细察其资性品行，实在相宜者始准留"。第一年只招收了 93 人，秋冬两次考察淘汰了 33 人，开除 3 人，送省优级师范学堂肄习 9 人，最后仅剩 48 人。由于人数太少，光绪三十四年，衍圣公孔令贻发文兖州府、曹州府和济宁直隶州，称"外姓聪敏子弟亦可取录就学，以期广为造就"，将招生范围扩大至鲁西南外姓子弟。四氏子弟称为内班，外姓子弟称为外班。内班学生每月饮食费白银 2 两，外班则少一些。同年还增加了附属小学。

民国肇建，1912 年改称山东省立曲阜师范学校，取消总理，监督改称校长。1914 年合并兖州、济宁、临沂、曹州四处师范改称山东省立第二师范学校，纳入教育系统管理。但是由于历史的原因和孔府的影响，校长仍由衍圣公提名，直到 1919 年衍圣公孔令贻去世，学校才逐步脱离孔府的掌控。

曲阜师范学校一直延续至今，现在改为济宁学院小教学院，但仍保留曲阜师范学校的名称，附属小学改称为济宁学院第二附属小学。

孔子学诗学礼的遗训，帝王恪谨家声的鼓励，子孙志学重教的传统，国家设学科举的优待，使孔氏子孙成为文化水准较高的家族。

四、礼门义路家规矩

在孔府参观，细心的观众一定会发现，不论是孔府大门悬挂的"与国咸休安富尊荣公府第，同天并老文章道德圣人家"对联，还是西学忠恕堂西厢悬挂的"礼门义路家规矩，智水仁山古画图"的对联，忠恕堂室内悬挂的"交友择人处事循礼，居家思俭守职宜勤"的对联，无处不在标榜继承家学，遵守礼仪规范。

历代王朝在推崇孔子的同时，也不断加恩孔子后裔，长孙享有世袭罔替的爵位，其他子孙也恩露均霈，享有免除差徭的优遇，曲阜子孙还享有科举入仕和减少地租的优待。对于优待孔子子孙的目的，明太祖朱元璋在加封孔希学为衍圣公的诏书中说得很明白：古代的圣人，从伏羲、神农、黄帝到文王、武王，法天则民，明并日月，德化之盛无以复加，但都是随时制宜，世有因革。至于孔子，虽然不得位，但融

孔府对联

会贯通前圣之道，以垂教万世，为帝者师。其孙子子思又能传述明言，以极其盛。有国家者求其统绪，尊其爵号，是为了崇德报功。我临御之初，访查世袭，找到五十六代孙孔希学，接续大宗，以致褒崇。你应勤敏进学，恭俭成德，希望你能够成为儒生领袖，在当代将孔子思想发扬光大，以实现我的最大愿望，难道不是很伟大啊！优待孔氏子孙的目的一是崇德报功，二是希望衍圣公能够成为士林的楷模，而孔氏子孙能够成为百姓的榜样。所以清康熙皇帝在曲阜谆谆告诫孔氏子孙：至圣之道与日月并明，与天地同辉，万世帝王无不师法，下至公卿士庶没有不遵循的。你等远承圣泽，世守家传，一定要型仁讲义，履中蹈和，心存忠恕，增强孝悌，时刻不离。乾隆皇帝也在曲阜面谕孔氏子孙说："其务学道敦伦，修身慎行，克禀先师之彝训，祇遵圣祖之诲言，弗愧为圣者子孙。"

孔氏家族沿袭严格的封建宗法制度，以嫡长孙为大宗，其余子孙为小宗，大宗领小宗，宗子衍圣公以大宗主的地位主祀孔子，代祖立言，处于全族的最高地位。衍圣公作为宗子，按照宗法的原则，负有尊祖收族即奉祀祖先、管理族人的职责。明代以前，由于战乱等原因，子孙数量不多，尤其在曲阜更少，长孙管理族人的任务并不重。进入明代以后，子孙渐多，明初皇帝给予曲阜孔子裔孙免除差徭和轻粮即减少地租的优待，外地孔子裔孙闻讯陆续迁居曲阜。衍圣公自觉责任重大，五十五代长孙孔克坚就上奏皇帝说："多有同姓的指着先圣宗派都来曲阜四散居住，中间多有不知礼义，相聚日久，恐相连累"。洪武三年（1370），明太祖下令"今后除先圣这一宗派休教他当差，其余假托孔子子孙分拣出来，与百姓一体当差"，授予衍圣公甄别孔子后裔的权力。正德四年（1509），衍圣公保举曲阜知县，族人孔承章、孔承周认为不公，赴京控告，将家族矛盾闹至朝廷。武宗皇帝非常恼火，为此专门下诏给六十四代衍圣公孔闻韶：先圣之道垂宪万世，朝廷用之以为治天下之法，你辈守之则为治家之法。承章等首开讼端，毁诬宗子，以朝廷名爵为私家争夺的物品，是先圣的不肖子孙。迁发边方，小惩大戒，正用先圣家法教育不肖子孙。先圣曾经说其身正，不令而行，你闻韶要佩服家训，进学修德，与族长、举事管理族人，读书循礼，以称朝廷崇重至意。今后再有恃强挟长、朋谋胁制、不守家法、玷污圣门的，你即指名具奏，国典具存，必不轻恕，授予衍圣公管理孔氏族人、指名具奏的权力。顺治六年（1649），清世祖沿习明代制度，颁敕给六十六代衍圣公孔兴燮：国家功成治定，必先重道崇儒。对先师孔子聿隆象贤盛典，大宗之裔也锡爵嗣封，承奉祀事，即使是支庶也加以优遇。但是族属繁衍，贤愚不同，该府官员恐怕有依恃公爵肆

统摄宗姓匾

行无忌，慢上凌下，侵占骚扰，大累地方。现在朝纲整肃，法纪严明，你要统摄宗姓，督率训励，申饬教规，使各凛守礼度，无玷圣门。如有轻犯国典，不守家规，恃强越分，朋比为非，轻者径自察处，重者据实指名参奏，依律正罪。你尤其要率祖奉公，谨德修行，身立模范，禁约该管员役，使他们一遵法纪，毋致骄横生事，再次授予衍圣公统摄宗姓的权利。衍圣公将此敕谕刻制成匾，称为统摄宗姓匾，至今仍悬挂在孔府大堂内衍圣公公案的上方。

皇帝授予衍圣公统辖孔氏全族的权力，更加强了衍圣公在全族中的地位。但衍圣公深知，既要维护国家利益，也要维护孔氏族人的权益，而孔氏家族族大人众，稍有不慎，就会出现失误。管理好孔氏族人，要继承诗礼传家的传统，学礼更要循礼，要制定严格的制度和礼仪规范。

为了加强对孔氏族人的管理，衍圣公按照血缘关系，陆续将家族划分为派、户、支等一百多个分支，设立全族族长、举事和各户户首、户举以及各支派族长等管理人员，族长衙门和各支派祠庙等行使族权场所，通过修家谱、立行辈、订族规、定礼仪等手段，严格约束管理孔氏族人。

（一）建立管理系统

孔氏家族族大人众，分布全国，管理谈何容易！为了管理好孔氏族人，在朝廷的支持下，衍圣公建立起较为完整的管理系统，由各级族长进行管理。

宋代以前，族人较少，流寓外地者又大都缺少联系，很好管理。宋代以后，族人增多，管理难度加大。为了便于管理，衍圣公按照血缘关系，宋代时将四十三代中兴祖孔仁玉的五位曾孙分为五位，元代时将留在曲阜的五十三代孙们分为二十派，明代初年二十派再分为六十户。明清时，新迁出和旧迁出的族人大多陆续与衍圣公府建立了联系，他们被编为派和支，流寓外地的四十三代中兴祖孔仁玉后裔被分为四派三十支，四十三代以前流寓外地孔子后裔被分为九派一支。每户、派、支几乎都有自己的族长，大的派支因为族人众多或居住分散也按血缘关系分成支或堂，支和堂也都设立了自己的小族长。

孔庭族长始设于北宋崇宁三年（1104），皇帝敕命"文宣王之后常听一人注兖州仙源县官"，以白身最长者任簿尉，即以家长承袭，授迪功郎，为正八品散官。元代取消品级，

但可以服用冠带。为了加强对孔氏族人的管理，明洪武元年，将齿行俱尊的元代翰林检阅官孔泾释放回乡，担任孔庭族长，并面赐藤杖一枝。其后，族长一直由衍圣公选择年长行尊有德者担任。明清时期，孔庭族长并无品秩，清雍正八年（1730）为曲阜孔子庙特设圣庙执事官后，多以最高品秩的三品执事官兼任。

孔庭族长的职责是督领各户户长管理子孙，如果有不守家法家规的，则申明家范依例责罚，祭祀时担任领班官，率领各户族人随班陪拜，衍圣公外出或年幼不能亲自主祭时有时也会被委托担任主祭。家族还有副族长，始设于北宋真宗天禧五年（1021），是年朝廷拨款维修曲阜孔子庙，诏令在孔子后裔中选差朝官担任提领林庙监修官，并兼任仙源县知县，此后成为惯例。金元时期名叫孔庙提领监修官，多由行省选择廉洁干练的孔氏族人充任，衍圣公外出或老弱难以奉祀时还被委为权主祀事，金代无官品，元代授八品冠带。明初改称孔庭族举，由衍圣公选择才德兼优的族人委任，无品秩，许服冠带；清雍正后也由圣庙执事官兼任。其职责是"督领各户户举查理林庙及一切家族事务，凡有惰慢误公者直言举出，依家范责罚。遇祭期充纠仪官，族人不敬不谨者可以指名纠察"，除协助族长管理族务外，还负责监查林庙。

孔氏家族管理非常严格。每户按嫡长伦次设立小宗子，由其主持祭祀本户始祖；推举行尊年长者担任户头（又名户长、户首），主持本户家法；推选德优才兼者担任户举，主持本户家政。户头根据族人多寡或居住远近可设 1—3 人，户举则只设 1 人。流寓外地族人或设族长，或同曲阜一样设立户头、户举，就近进行管理。户头、户举和族长均由衍圣公任命，发给执照，外地的还要发文知会当地政府。60 户户头、户举执照一般只要求训迪族人、竭力奉公，外地执照还要求对族人严加管理，"不遵约束，肆行滋事者，轻则责以家法，重则指明禀报，以凭究惩"，给予按照家法处罚的权利。外地户头、户举和族长除负责本支派家族事务外，还要负责催促本支派族人按时缴纳国赋，因为各地孔氏族人另编圣裔号，不入里甲。户头、户举荣以衣顶，免除杂泛差徭，与生员一样优恤。

衍圣公对族长、族举、户头、户举的管理也非常严格，族长、户举有不正、不廉等行为即行免职，户头、户举所在户出了忠孝节义之人给予荣以花彩的奖励，出了奸盗弑逆之辈则要被革职，修谱时遗漏了本户族人户头也要革职。

（二）设立管理机构

衍圣公为了有效地管理族人，在曲阜设立了管理全族的族长衙门，各户以及流寓各地族人也都建造了自己的宗祠。宗祠既是奉祀始祖和本支派先人的祠堂，也是本支派聚族议事和族长教化及处罚本支派族人的场所。

族长的主要职责是绳愆子孙，对不服从管理或不善良族人按家法进行责罚，族长衙门也就成了族长处罚族人的公堂。族规明文规定："凡本族有家产不均及斗殴不和等事，俱赴家庭告理，从公剖断，依家范责罚，不许赴有司讦讼，违者责"。家族内部的矛盾只能由族长处理，不许到政府诉讼，否则就会收到责罚。国家也支持孔氏族权，孔氏家族的内部纠纷在衍圣公未处理之前，地方官也不受理，只有衍圣公移送到地方政府时才能受理。

族长衙门除责罚族人、调解族人纠纷外，还为族人办理入林埋葬的信票。能否进入孔林埋葬的依据就是家谱是否有载，修谱时已将"违悖祖训，怙侈灭义，与夫甘为下贱流入二氏者"剔除，即使入了家谱，后来又违背法律、礼法以及流入僧道者仍然不许进林安葬。

曲阜及附近 60 户每户都有祠堂，供奉本户始祖。祠堂是每户族人的活动中心，祭祀祖先，教养子弟，调解族内纠纷；教忠、教孝、睦宗、敬老，对族人进行教化；本户族人有考中进士和举人时，全族在祠堂欢迎祝贺，衍圣公、曲阜世职知县、四氏学学录和教授、孔庭族长和举事都要到祠堂展拜；有考中秀才或选取贡生、监生时，全族也在祠堂欢迎祝贺；本户新添一代子孙，全族同到祠堂祝贺；本户最高一辈最后一人去世，全族同到祠堂哭祭。当然，族人违反家法族规也在祠堂处罚。

（三）完善管理措施

孔氏家族历经两千多年的繁衍，族大丁众，几乎遍及全国各地。为切实有效地管理好孔氏族人，衍圣公采取了修族谱、立行辈、订族规、定礼仪等有效手段。

一是修家谱。"礼莫大于尊祖敬宗，典莫大于修谱"，修谱的功能就是"详世系，联疏亲，厚伦谊，严冒紊"，可以"合远为近，合散为聚"，将居住分散、素不相识的族人统合在一起，并将希图冒充孔子后裔者摒除在外。"收族于谱无异于收族于庙也。收族于庙而宗庙严，收族于谱而子姓秩"，修谱是加强族人联系、增进族谊的最好手段。

唐代以前，国家重视门第甚至郡望，家谱官修。北宋元丰八年（1085），四十六代孙孔宗翰有感于族孙遗漏太多，开始编修全族家谱，将所知的本族子孙一并收入，刻板刊印，以广流传。金元时期社会长期动乱，族人散走四方，曲阜一带族人（里孔）很少，外孔却势力强大，希图享受国家给予孔氏族人豁免差徭和教育科举等优待，因此矛盾异常激烈，甚至发生因不让外孔入庙祭祀而杀死里孔一家十余口的惨剧。为便于区分里孔和外孔，衍圣公孔思晦将孔氏族人世系和名字刻于碑上，树立在孔庙内。明弘治二年（1489），六十一代衍圣公孔弘绪再次重修家谱，规定家谱"六十年一大修，三十年一小修，大修以甲子为期，小修以甲午为期"，小修只进行登录，大修才刊印谱籍，从此甲子年修谱就成为惯例。

修谱为族中大事，衍圣公非常重视，自负总责，下设组织机构，开设谱馆，制定修谱条规，颁布格册，开修时告庙开馆，谱成后祭庙告成，最后还要举行隆重的颁谱仪式。开馆修谱时，衍圣公率领有关人员在家庙举行告庙仪式，修谱人员要宣读誓词："凡我宗执事人员，毋便己私，毋徇情面，毋惮劳而就逸，毋挟怨而生嫌。各宜清白乃心，恪供厥职，共凛协恭之谊，以光久大之谟。嗣后如不遵誓词，宗祖所不齿，名教所不容，天地祖宗其共殛之"。制定的修谱规定：一是六不许入谱，"以义子承祧者不许入谱，以赘婿奉祀者不许入谱，再醮带来之子承祀者不许入谱，流入僧道者不许入谱，干犯名义者不许入谱，流入下贱者不许入谱"；二是要按行辈取名训字，"凡不循世次随意妄呼者概不准入谱"；三是入谱每丁捐银八分，否则不准入谱。颁布的"修谱条规"共三十三条，内容非常详细具体，诸如修谱规则、告庙仪式和祭品、开馆择吉、誊写、刻板、督刊、酬谢宴会、账目公布、发谱等无一不含。同时颁布统一的格册，格册要填写祖孙三代的名、字、号、职业和住址，族人填好后，要出具甘结（保证书），户头、户举审核签字然后上报族长衙门，族长、举事审查后加具印信再送衍圣公府，衍圣公府用印注号后发付纂局，纂局收掌，清立号簿，不许他人添减，然后交与编次编修，"每编成一卷，即以原册对所编之稿，每誊清一卷，即以编册对所誊之真，每印出一页，又即以清册对所印之章"。印刷前就确定好印数，每印完一页即行毁版，督刊随时进行检查。家谱成书后，加盖衍圣公和曲阜县官印以及孔氏家庭族长印信。

衍圣公除主持纂修孔氏全谱外，还要负责审核流寓外地的户、支、派各自纂修的支谱。国家规定，留寓外地族人支谱必须加盖衍圣公官印才能享受国家对孔子后裔的优待，因

北宋孔氏宗谱手卷局部

为流寓外地孔氏族人入谱，既牵涉孔子后裔的真伪问题，也涉及国家的税赋收入，所以衍圣公必须认真进行审核，现在孔府档案中就保存着经衍圣公审核鉴定的上百种流寓外地支谱。

孔氏家谱的管理非常严格，不仅印刷时每印完一页即将木版毁掉，而且颁发新谱时要将旧谱交回，交回的旧谱立即焚烧后埋入地下，如果旧谱失落不仅要报告，还要户头、户举出具甘结。

二是立行辈。孔子八代单传，至九代方有孙三人，人丁稀少，很好管理，而且家谱官修，只收录长孙，所以没有统一的辈字。随着子孙的增多，为使族人代次有序，便于管理，宋代时开始采用辈字或取同偏旁字为名，从四十七代至五十五代依次为若、端、玉（玉部字为名）、手（扌部字为名）、元、之、水（氵部字为名）、思、克，但并没有推行到孔姓全族。进入明代，族人渐多，衍圣公开始制定统一的辈字。

孔氏辈字，据《衍圣公府告示》说：

照得立行辈所以分尊卑，定表字所以别长幼。迩来我族人满数万丁，居连数百里，岂唯目不能遍识，而且耳不能遍闻，若无行辈则昭穆易紊，无表字则称谓不伦。在前业经奉旨更定，今依所定吉字开列于后。凡我族人俱当遵照后开行辈取名训字，有不钦依世次随意妄呼者不准入谱。计开：

明洪武三十三年定十字

希士**言**伯**公**文**彦**朝**承**永　　**宏**以**闻**质**贞**用**尚**之**衍**茂

清乾隆五年二月十七日定十字

兴起**毓**钟**传**振**继**体**广**京　　**昭**显**宪**法**庆**泽**繁**羽**祥**瑞

道光十九年定十字

令德维垂佑　　钦绍念显扬

　　洪武仅三十一年，洪武三十三年当为建文二年，因建文帝被明成祖推翻，不承认其正统地位，连年号也不承认了。有书说洪武赐给"公彦承弘闻贞尚胤"八字，此八字不一定是明太祖所赐，此时所定应该是正确的，因为五十六代孔希学早在元代时即已袭封了衍圣公。内中的"言"其实为"讠"部字取名，"宏"本为"弘"，是清乾隆时为避皇帝讳所改，"衍"本为"胤"，是清康熙时为避皇太子讳所改。内中的黑体字为取名的辈字，小字为取字的辈字。

　　民国8年（1919），七十六代衍圣公孔令贻又续立20字，自八十六代至一百零五代辈字为：

建道敦安定　　懋修肇彝常

裕文焕景瑞　永锡世绪昌

辈字由衍圣公排定，明清时期要报礼部备案，民国时报内务部备案。

三是定族规。元代以前孔子子孙较少，而且大多流寓在外，在曲阜者很好管理，在外者鞭长莫及，所以未见有早期成文的祖规，现在所能见到的最早族规是明万历十一年（1583）衍圣公颁布给全国族人的《祖训箴规》：

袭封衍圣公府为申明礼仪事：

尝闻木之有本，本盛者木必茂；水之有源，源深者流必长；此皆理势之自然明著而易见者也。我祖宣圣万世师表，德配天地，道冠古今，子孙番庶，难以悉举。故或执经而游学，或登科而筮仕，散处四方，所在不乏，各以祖训是式。今将先祖箴规昭告族人，合行给榜，开其条件，以彰有德，以示将来，不事繁文，共为遵守。须至榜者。计开：

一、春秋祭祀，各随土宜，必丰必洁，必诚必敬。此报本追远之道，子孙所当知者。

一、谱牒之设，正所以联同支而亲一本。务宜父慈子孝，兄友弟恭，雍睦一堂，方不愧为圣裔。

一、崇儒重道，好礼尚德，孔门素为佩服。为子孙者勿嗜利忘义，出入衙门，有亏先德。

一、孔氏子孙徙寓各府州县，朝廷追念圣裔，优免差徭，其正供国课只凭族长催征。皇恩深为浩大，宜各踊跃输将，照限完纳，勿误有司奏销之期。

一、谱牒家规，正所以别外孔而亲一本，子孙勿得勾相誊换，以混来历宗枝。

一、婚姻嫁娶，理伦守重。子孙间有不幸再婚再嫁，必慎必戒。

一、子孙出仕者，凡遇民间词讼，所犯自有虚实，务从理断而哀矜勿喜，庶不愧为良吏。

一、圣裔设立族长，给予衣顶，原以总理圣谱，约束族人，务要克己秉公，庶足以为族望。

一、孔氏裔孙，男不得为奴，女不得为婢，凡为职官者不可擅辱。如遇大事，申奏朝廷，小事仍请本家族长责究。

一、祖训宗规，朝夕教训子孙，务要读书明理，显亲扬名，勿得入于流俗，甘为人下。

各地族人除一体遵守衍圣公制定的全族族规外，大多还自行制定了本支的族规。

　　已知最早的流寓支派族规是岭南保昌平林见玄堂所制定，由五十五代孙孔天章与五十六代孙孔希叟同撰，从辈分看应该是明朝初期。家规共十条，内容为孝敬父母、尊敬长上、严教勤读、尊贤重士、早完钱粮、异姓勿抚、择婚谨始、毋好棋牌赌博、毋好斗殴健讼、毋好奢侈，每条都是先讲道理，后为违背的处罚措施。

　　分支家规一般都比较简洁。皖江孔氏家训有君臣、父子、夫妇、昆弟、朋友、冠、婚、丧、祭九条，前五条为五伦，后四条为四礼，每条多引孔子语，没有违规的处罚措施。福建建宁县三滩孔氏族人清乾隆二十五年（1760）制定的条规有教孝、教悌、睦族、敬老、节俭、勤谨、读书、保墓八条，都是正面教育，也无处罚规定。四川蓬州孔氏族规有孝悌宜敦、宗族宜和、乡党宜睦、子孙宜教、农桑宜务、国赋宜纳六条，每条也都是正面教育，没有违反族规的惩罚措施，仅在条末说"请公法治"。

　　江苏丹阳十里甸孔氏族人族规是明天启七年（1627）制定的，有崇孝道、睦友于、秩尊卑、训子孙、勤农桑、戒争讼、安生理、毋赌博八条，也是多正面诱导，违反者家族内部教育，不改或不听者"从公究治"，但在"家规纪"诸条后附有对违规者的处罚措施。违规处罚细规有十条：犯窃盗的送官究治；犯奸淫的送官究治；卑幼冒犯尊长的罚银二钱，重责 20 大板，以大欺小的罚一钱；妇女撒泼冒犯长辈的罚银一钱，打其丈夫 10 大板；偷盗菜薪鸡犬的罚银一钱；偷盗衣服五谷等罚银五钱；侵损坟茔树木等罚银一两，赔偿草皮一钱；窝藏盗物的罚银三钱；男女混杂、嬉笑、偷窥的罚银五钱，责打 10 大板，如果是妇人，则责打其丈夫；凡赌博等罚银一两。

福建建宁县巧洋孔氏制定的族规有作兴文学、恪供祀事、培植祭产、护理祠墓、酌定优奖、惩治不率、禁止词讼、严防乱宗、督率急公、摈绝邪教、节制财用、慎藏谱籍等十二条，每条都有详细规定，有的条目对违规者也有处罚措施，"作兴文学"规定没有按时交纳作文的"每篇罚银一钱"，"面课无故不到罚银三钱"；"恪供祀事"规定"陈设仪物不备不洁，罚银五钱，失礼罚银一钱"；"培植祭产"规定侵吞挪移祭产"一经查出，罚银三两"，"私收祭租，追还本租外，笞责三十，家颇殷实倍责，出罚银三两，免"；"护理祠墓"条处罚规定较多，在祠堂堆放"薪秆、农具及一切凶秽之物，墓间纵放牛马践踏，俱罚银三钱"，盗伐祠墓树木"每树一株笞责廿，有身家者罚银一两"，不按规定乱葬者笞责三十，起迁棺材，宰猪祭奠；"禁止词讼"规定，族人纠纷先经族正处理，处理不公才能告官，族正、房长、绅士不能处理罚停一次祭祀小胙一份，族正还要记过一次，三次不能处理就换人，未经族内处理直接告官者笞责三十；"严防乱宗"规定，抚养义子除送还本父外，罚银三两，允许养子入胙者罚银三两，请义子登祠罚银五钱；"督率急公"条规定，不能按时交纳钱粮者，族正令该房房长拘至祠堂笞责，即押清完，如果是殷实之家每欠银一两再罚银三钱；"屏（摒）绝邪教"条规定，丧事请僧道作法事根据规模罚银三钱至三两，因请风水先生选择风水致使岁久不葬者罚银二两，纵容妇女朝谒神庙罚银五钱；"节制财用"规定装演赛会罚银三两；"慎藏谱牒"规定，污损谱牒罚银三钱，伪刻私售谱牒革胙除派。最严厉的是"惩治不率"，该条全是处罚："忤逆父母，凌辱尊长，及纵容妻妾辱骂祖父母、父母，一经闻族，开祠笞责三十；甚，革胙除派；至大反常，死处，不必禀呈，致累官长。大盗，亦家法处死。奸淫笞责三十，革胙除派。小窃及拐骗，初犯笞责三十，停胙，改过自新，胙复；再犯，笞责五十，革胙除派，逐出境外；三犯，处死。窃蔬菜、薪木、鸡犬小物，罚银三钱修祠；屡犯，笞责革胙。纵容妻妾、奴婢辱骂有服尊长，罚银一两，赔礼。身充衙门，服贱役，习俳优，俱停胙；改正业，胙复。侵占公基，私收祭租，除追还本项外，罚银三两；负固，笞责三十，革胙除派。以上尊长绅士犯，加等"，忤逆至大反常和大盗可以直接处死。

　　孔氏家族虽然基本采用了各家族通行的族规，但也有自己的特点。一是具有强烈的圣裔意识。"祖圣宗贤，既忝明德之胄，敦诗说礼，无遏前人之光"；"吾族为圣人之裔，理应崇尚正学"；"吾族为至圣苗裔，惟礼义彬彬、衣冠楚楚者足尚焉"；"吾族为至圣之裔，历朝屡加恩渥，豁免杂差丁役。天高地厚，无从报答，惟以早完钱粮，少报于万一"；"勿轻赴有司衙门，自亵圣裔体面"，"切勿蹈此规条，则圣裔家声自永千古于不替矣"；"惟愿遵守圣祖遗训，敦孝友以为政，于家学诗礼，以承训于庭"，"以圣裔自勉，尚其兢兢遵守"，作为孔子后裔理应有更高的要求。二是崇尚学习儒学，摈绝邪教。三是提倡伦理道德，践行孝悌忠信，礼义廉耻。四是重视教育，奖励科举。五是早完国课，踊跃交税。六是孔氏家族并不封建保守，在理学大行，"饿死事小，失节事大"的信条下，仍然允许族人再婚再嫁，更是难能可贵的。族规中虽然有封建的糟粕，但更多的内容是鼓励后裔存心向善，循规蹈矩，人人自律，成为顺民、良民，在不能再鼓动造反的今天，是具有积极意义的，在现今社会中仍有提倡的价值。

　　在中国封建社会中，县以下基本没有管理机构和人员，社会基层管理主要依靠两方面，一是家族，一是乡绅，前者主要依靠族规家法，后者主要依靠乡规民约，家法家规对建设和谐社会都挥了重要作用，是值得现在借鉴的。

四是定礼仪。宋代以来，中国的民间礼仪基本上是以南宋朱熹的《朱子家礼》为圭臬，但对《朱子家礼》"群儒多以己意联辑补缀，世人复以乡俗演习之事棼然杂出乎其间"，已经并非全部是《朱子家礼》规定的礼仪。曲阜"素称守《朱子家礼》者，亦素以古礼参用《朱子家礼》者也，又素以乡俗相沿之陋习附会于《朱子家礼》者也"，在《朱子家礼》的基础上增加了一些古礼，甚至加入了乡俗的陋习。乾隆二十七年（1762），衍圣公孔昭焕续娶，咨询应循的礼节，叔祖孔继汾也感觉到时行的礼仪杂乱，朋友江衡也劝其将家族吉凶诸事编著成书，以便世人参用。孔继汾于是"检寻家牒，核诸礼经，验所已行，不悖先师之教者，条举而件系之"，著成《孔氏家仪》一书。该书十四卷，包括庙祭、祔、墓祭、丧服、丧服表、初终至既殡、葬、丧祭、奔丧扶榇、改葬、弔赙会葬、婚、家庭燕会相见及对宾客、修家谱等全部礼仪和服制，并刊刻印行，供孔氏族人使用。书成后，孔继汾又发现一些需要解决的问题，撰成《家仪问答》四卷，形成一整套完整的日常礼仪规范。该书后来因为有"今之显悖于古"、"后王德薄不能以身教"等文字，被指责为"增减《会典》服制"而被查抄，孔继汾多亏圣裔的身份才保住了性命，被罚从军新疆伊犁，书籍被查抄焚毁，木版被销毁。

《孔氏家仪》虽然被查抄，但大部分礼仪被孔氏家族所沿用，"冠、婚、丧、祭罔不具备，迄今子孙遵守之"，规范了家族的日常礼仪。

衍圣公管理孔氏族人是很严格的，但情势所迫，也不得不如此。封建王朝赐给衍圣公管理孔氏全族的责任，又给予孔氏全族免除赋役、不入编氓和曲阜族人给予减免正项钱粮的优待，确定了孔子后裔的身份即可享受优待，而确定权即在衍圣公，衍圣公不得不谨慎从事。由于衍圣公的系统管理，孔子后裔延时两千五百多年，延人八十余代，流传有序，辈字统一，代次不乱，全族有谱，谱系完整，内容丰富，可以说是世界上最为系统的家族。

衍圣公严格的规范管理，各支族人有效的自我管理，使孔子后裔不论在曲阜还是在全国各地大都自觉恪守祖训，成为循礼守法的模范家族。

五、诗书礼乐延世长

学诗学礼的祖训，重视教育的传统，礼门义路的家风，加之朝廷给予的种种优待，致使孔氏家族人才辈出，学术发达，文化繁盛，成为中国文化水准最高的家族之一。

（一）人才辈出

汉代实行名为察举的选拔人才方式。汉高祖十一年（前195）发布求贤诏书，令朝廷和地方各级官员向朝廷推荐人才，文帝诏令"举贤良方正能直言极谏者"，并向各诸侯王、中央政府的三公九卿和地方郡守下达推荐名额，武帝"令郡国举孝廉各一人"，不久又相继增加了茂才、明经等常科和明法、尤异、治剧、兵法、阴阳灾异、童子举等众多特

科，加之太学博士弟子结业考试分为甲乙科录用为官，形成了常科（孝廉为重点）、特科（贤良方正为重点）、教育（博士弟子）为一体的人才选拔制度。孔氏子孙世守家学，人才众多，许多人便受到推举，西汉时孔忠、孔武、孔安国、孔臧、孔让、孔延年、孔霸、孔骧、孔衍、孔光等十余人相继担任了太学博士，而西汉早期太学博士只设七员。东汉时，许多族人被推举为孝廉、明经、文学，孔宙、孔翊、孔彪兄弟都被举为孝廉，子辈孔褒举孝廉，孔昱举方正，孔融也经推荐举高第。六朝时，孔衍曾举异行、直言，孔乘、孔靖等举孝廉，孔稚圭、孔休源、孔觊、孔奂等举秀才，隋朝孔颖达则举明经高第。

唐代大行科举以后，孔氏族人多中进士、明经。孔岑父六子中，孔载、孔羧、孔戡进士，孔戢明经。孔氏三十九代孙 9 人，一人状元，一人榜眼，四位进士，两位明经，一位无功名者还曾官四门博士；四十代孙兄弟 15 人，四位状元，五位进士，一位明经，无功名者一位曾任太子舍人，一位曾任曲阜知县；四十一代孙 9 人，四位进士；而四十代长孙孔拯、孔振兄弟状元，更是一时传颂的佳话。经过晚唐五代的动乱，长孙一脉孤悬，到北宋时子孙增多，科举开始兴盛，四十三代文宣公四子二人进士，十孙三名进士二名同学究出身，曾孙十人三名进士，子孙连续八代进士，因元代停止科

举才中断。孔颖达后裔临江派科举更为兴盛,从晚唐至宋末十三代连续进士登第,250 名族人就有进士 38 名,举人 7 名。经过将近四百年的沉寂,明代末期孔氏科举才开始复苏,清乾隆间重新兴盛,六十七代衍圣公从孙辈开始连续五代进士,有进士 9 人、举人 20 人。

从民国《孔子氏家谱》看,孔氏共有 5000 多人获得进士、举人、生员等各级功名,而生活在科举时代的族人约 30 万人,有功名者约占族人总数的 1.7%,这个比例是很高的。子孙有著述者 300 多人,著述千余种,经史子集兼备。孔氏人口占全国人口的 0.29%,《中国人名大辞典》收录孔氏名人 194 人,占名人总数的 0.43%,高出人口占比近 50%,著名文学家比例为 0.51%,高出人口占比近 73%。由此可见,孔氏家族是文化水平较高的家族。

孔氏族人英彦辈出,著名人物有思想家孔子和子思,经学家孔安国、孔颖达、孔广森、孔继涵、孔继汾等,文学家孔融、孔稚圭、孔文仲、孔武仲、孔平仲、孔尚任等,名宦孔光、孔巢父、孔纬、孔戣、孔道辅、孔毓珣,奋勇报国的孔奋、孔宗旦、孔繁森,医学家孔伯华,元末外迁朝鲜的孔氏后裔有孔昭父子宰相,名臣孔瑞麟,北朝鲜副总理孔镇泰等。

（二）学术发达

孔子删《诗》、《书》，订《礼》、《乐》，赞《周易》，著《春秋》，致力于古代文献的整理与研究，后裔继承家族传统，许多子孙汲汲于经学、史学、音韵学、天文学、数学、地理学、医学等方面的研究，在许多学术方面都有人取得丰硕的成果，尤以经学、数学、音韵学成就最高。

经学　从孔子到清末，孔氏学术的发展大体可以分为七个阶段：第一阶段是先秦时期，孔子发起端，首创儒学，孙子子思承其绪，传道孟子，形成战国显学思孟学派，并赖子孙传承，不绝如缕。第二个阶段是两汉时期，后裔研究《书》、《诗》、《礼》、《春秋三传》、《论语》、《孝经》等几乎全部儒家经典。第三个阶段是六朝时期，西晋末年，孔子裔孙避乱南渡至江浙，成为江南文化和仕宦望族。第四个阶段是唐代，三十二代孙孔颖达奉唐太宗令主编了《五经正义》，融合南北经学，形成唐代义疏派。第五阶段是宋元时期，主要研究"五经"，个别学者开始研究"四书"。第六阶段是明朝，主要研究"四书"。第七阶段是清朝。六十七代衍圣公孔毓圻之孙孔继汾、孔继涵家族潜心经学，孔继汾、孔广林、孔广森父子广注群经，精研数学、天文、地理、音韵等学科，孔继涵精于历算、地理和校勘，长子孔广栻主研《春秋》，孔氏研究经学学者众，著述多，水平高，贡献大，成为清代研究经学的重镇。

史学 孔子修《春秋》，开创了孔氏重视史学的传统，后世涌现出一批史学家和史学著述。

六朝是孔氏家族史学的丰收期。二十二代孙孔衍著史十三部，编年体类有《汉魏春秋》、《汉春秋》、《后汉春秋》和《魏春秋》四种，别史类有《汉尚书》、《后汉尚书》和《魏尚书》三种；杂史类有《春秋时国语》、《春秋后语》、《春秋后国语》、《国志历》、《长历》和《千年历》六种。所著史书在唐时屡被征引，应流失于宋代战乱之中，现仅《春秋后语》和《春秋后国语》有残本传世。不知代次的孔晁有《逸周书选要》、《逸周书王会解》和《春秋外传国语》三种。其后著史者代不乏人，唐代孔颖达与颜师古合撰《隋书》，孔绍安有《梁史》，孔志约有《姓氏谱》，宋代孔传有《文枢要记》，元代孔洙有《江南野史》，明代孔克表有《通鉴纲目附释》，清代孔继涵有《国语订讹》，孔广栻有《国语解订讹》、《南北史意撷》和《左国蒙求》，孔广铭有《前汉书考证》等。

除普通历史外，孔氏还特别重视有关孔子生平和孔氏家族的研究。宋代孔传著有《孔子编年》，元代孔元敬著有《素王世纪》，清代孔广牧著有《先圣生卒年月日考》。明代出现反映孔子生平事迹的《圣迹图》后，后人不断增补。宋代以前，家谱官修，只载长孙一人，四十六代孔宗翰始编纂家谱，著有《阙里世系》，其后子孙不时重修，明代更确定为甲子年大修。

阙里文献　曲阜是孔子生长之地，圣域贤关，历代瞻仰，加之子孙世代繁衍，长期主政，特别重视本地与孔子、孔族相关的文献，从宋代起不断编纂家族志书，延续近千年而不衰，有《东家杂记》、《孔氏祖庭广记》、《阙里志》、《阙里文献考》等数十种。

孔氏志书还有一个特殊的门类，记录皇帝崇封孔子的专志。一部是孔毓圻纂修的《幸鲁盛典》，是记述康熙二十三年皇帝亲临曲阜祭拜孔子的专志。书分两部分，事迹二十卷，皇帝及臣工相关诗文二十卷。事迹每卷举一事，其后附其事的历代典制演变，碑文对话均照原文录入，具有很高的史料价值。另一部是孔传铎纂修的《崇鲁盛典》，是记述雍正皇帝火灾后重建曲阜孔庙的专志。但不知何故此书未印行，孔府档案中存有稿本。

算学　清代乾嘉学派兴起，衍圣公家族开始研究算学。孔继涵有《解勾股粟米法释数》和《同度记》，校勘戴震《算经十书》并增加祖冲之《缀术》和李籍《周髀音义》，以《算经十书十种附二种》刊行。《同度记》以朴学法系统考量了古代度量衡众多代表性表述方式，以表格方式列举了前代度量衡的换算技法，使得各自区别一目了然。《算经十书》将戴震错误逐处改正并附于正文之后，汇刻刊行后获得学界赞誉。孔广森算学成就最大，著有《少广正负术内外篇》、《少广正负数内篇》和《勾股难题》，探究传统数学平方、三乘方、诸开法、割圆弧矢、新设三角形、勾股、解方求边诸难题。孔广森从曾孙孔庆霁、孔庆霭兄弟"于屈氏《九数通考》中每门择数题，依天元筹法衍草，汇为二卷，命以《衍元小草》"。

医学　不做良相，便做良医。孔子创立儒家思想的目的就是要改善社会，造福民众，在壮志难伸、意愿难以实现的时候，孔子的后裔也会研究医学。医者仁心，以医技普济众人，孔氏子孙中有人致力于悬壶济世，有人从政之余考订编辑医书。

东晋时，二十六代孙孔汪撰有《杂药方》。唐代时，孔颖达次子孔志约奉敕与苏敬共同撰修《新修本草》，对陶弘景所修《神农本草经》多所纠谬增补，是中国第一部由中央政府主持修编的药典，又被称为《唐本草》，被奉为医学校课本并流传日本。明代时，六十一代孔弘擢为一代名医，著有《疹科真传》，是明代第一部有关麻疹的专著。清代时，六十七代孙孔毓礼汇集前代医家有关痢疾原文编成《痢疾论》，是一部集诸家之大成的痢疾专论。六十九代孔继菼是乾隆四十二年举人，因祖母卧病数载转而业医，以医名于世，被称为儒医，晚年总结一生所得，著有《医鉴草》。七十代孙孔广达为清光绪十五年举人，精研医理，有国手之誉。七十四代孙孔伯华（1884—1955）幼年专攻经书，后因母病立志随祖父学医。1929 年发起药界罢市反对汪精卫取缔中医活动，与名医萧龙友共同创办北京国医学院，培养中医人才。新中国成立后担任第二届全国政协委员、卫生部医学科学研究委员会委员，去世时，周恩来总理担任治丧委员会主任并亲临寓所吊唁。他与汪逢春、萧龙友、施今墨并称为北京四大名医，著有《脏腑发挥》和《时斋医话》等。

孔氏族人学术涉猎广，著述多，水平较高，确实不愧为诗礼传家的文化家族。

（三）文学繁荣

孔子说"弟子入则孝，出则悌，泛爱众，而亲仁，心有余力则以学文"，子孙恪守祖训，从政耕读著述之余，或创作诗词歌赋，或杜撰传奇戏剧，留下众多的文艺作品。由于孔氏家族具有较高的文化素养，受家族影响，不少女性族人相夫教子之余也纷纷吟诗填词，而衍圣公家族结姻书香门第，名门望族，夫人们大都受到良好的家庭教育，治家助祭之暇也时时浅斟低唱，女性作家不时涌现，女性文学作品众多，成为孔氏文化世家的一大特点。

诗文词赋 孔子说："诗可以兴，可以观，可以群，可以怨。迩之事父，远之事君"，非常重视诗歌的社会教化作用，删定《诗经》三百篇，成为儒家经典。孔子后人恪守祖训，吟诗作赋，产生了孔融、孔稚圭、孔文仲、孔武仲、孔平仲、孔尚任等一批文学家。

先秦时期，孔子后裔多以研习经学为主，诗文创作较少，汉代时文学作品开始增加。孔安国、孔衍、孔光、孔丰、孔僖、孔季彦等人都善属文，均有文集，东汉末年还出现了诗赋大家孔融。孔融（153—208）为建安七子之一，东汉著名文学家，一代名儒，继蔡邕为文章宗师。文章多是以表为主的散文，以政论为主，针砭时弊，直抒胸臆，虽沿习时风，善用骈俪对偶，文句工整，辞藻华丽，但能以气运词，气势磅礴，代表作有《荐祢衡表》及《与曹公论盛孝章书》。诗歌直抒胸臆，《六言诗》言汉末纷乱政局，表达希望国家统一的心情，《杂诗》两首一抒渴望建功立业，实现个人抱负的愿望，一悼儿子早夭，是至情至性的佳作。曹丕称赞孔融"体气高妙，有过人者"。

魏晋南北朝时期，社会动荡，玄学盛行，南渡族孙多能诗文。孔衍、孔愉、孔汪、孔坦、孔群、孔安国、孔严、孔廞、孔璠之、孔琳之、孔宁子、孔欣、孔觊、孔稚圭、孔奂都有文集。此时诗歌体裁多为拟乐府，以孔稚圭成就较高，诗赋代表作为《白马篇》和《北山移文》。

隋唐国家统一，经济富庶，文化交融，诗歌逐步成熟。会稽孔德绍、孔绍安兄弟都有诗文集，诗歌与当时流行的浓艳绮丽、歌功颂德的宫体诗歌不同，清新质朴，现实感强。孔颖达家族水平较高，孔颖达、孔志约、孔巢父都有文集。孔巢父与李白同为竹溪六逸，李白、杜甫、刘长卿都有相赠的诗歌传世，孔勘与韩愈、元稹、白居易诗酒唱和，韩愈、白居易也都有交往诗作传世。

宋代时，曲阜长孙一支再次复兴，孔宜、孔道辅、孔舜亮、孔宗翰祖孙都能诗善文。孔道辅曾约苏轼、司马光为颜乐亭撰写诗文，孔宗翰与苏轼、范纯仁、赵抃等唱和，孔舜亮与苏轼、苏辙兄弟唱和。南迁孔传、孔端问、孔璞、孔元演、孔元龙、孔梦斗、孔汭等也都有文集。孔颖达后裔江西临江派最为活跃，孔延之与三子文仲、平仲、武仲都有诗文集，三子均以诗著称，时人称作"三孔"。

金元时期，文化相继受到女真人和蒙古人的摧残，衍圣公袭封时断时续，文化水平降低，但也有诗文传世，孔璠、孔涛、孔拱、孔克奇、孔克慧、孔克坚等都有文集。

明代孔氏文化又开始复兴，仅曲阜就有孔克伸、孔希恭、孔公璜、孔承懿、孔弘干、孔贞时等18人有文集30余种。没有文集者也多能诗，孔承震"日课子姓，以勿忘先业，暇则笑咏烟景，督率耕耘"，孔克伸则奉命在明太祖前即席吟诗。洪武七年，孔克伸被推举为曲阜知县，明太祖召见时问"你晓得作诗么？"孔克伸回答说"臣颇晓"，太祖说"颇晓即是晓得"，命以蒋山为题，须臾诗成：

压尽群山素有名，巍巍雄峙独峥嵘。数峰碧玉朝天阙，一带螺屏映帝京。

云窦雨晴龙虎现，月岩风暖凤凰鸣。应知圣主无疆福，日听昆仑万岁声。

明太祖"天颜大喜，朗诵数遍，笑曰：莫说你别才调，只这首诗也该与你个知县做"。

衍圣公家族文化也空前兴盛，每代衍圣公都能诗，孔承庆、孔弘泰等有诗集，六十二代衍圣公孔闻韶堂兄弟八人经常诗酒唱和。

清代孔氏家族又一次迎来文化全盛期，人才辈出，大批佳作涌现。《孔子故里著述考》收录孔氏 90 多人文集 330 多种，而能诗文者更多，道光间孔宪彝编选《阙里孔氏诗钞》十四卷就收录了清代 120 位族人的诗作。著名学者阮元在序中赞叹说："在大宗今二百年，辑录诗百余人，足见温柔敦厚之风蔚然聚于一门"。

衍圣公家族文化昌盛，几乎每代衍圣公都能诗善文，工书擅画，大都有诗文集传世。衍圣公子孙众多，文化素养很高，研究经书，闲暇吟诗填词，谱曲写戏，绘画书法。

孔氏家族在诗词文赋方面艺术水平不算很高，杰出人物有汉末列为建安七子之首、诗赋文兼善的孔融，南北朝孔稚圭，宋代孔文仲、孔武仲、孔平仲"三孔"兄弟，清代孔尚任。历代衍圣公中以孔承庆、孔弘泰、孔毓圻、孔传铎、孔庆镕、孔宪培水平为高，特别是孔传铎，博通《三礼》，兼善诗词，尤推词作，"自束发操觚即喜拈长短句，谓其小调温柔蕴蓄，足以抒情，长调顿挫浏漓，足以咏物吊古，诗之所不能达者，词能达之"，认为"诗近庄也，曲近俚也，惟词介于庄与俚之间"，反对词是诗之余的说法，认为自《诗经》起长短句的体式就已经具备了。他不但填词，还编选古人词作为《词粹》，清人词作为《今词选》。

戏剧　戏剧是孔氏文学取得成就最高的领域之一。元代孔文卿著有杂剧《地藏王证东窗事犯》，清初孔尚任（1648—

1718）著有《小忽雷传奇》、《大忽雷》、《桃花扇传奇》和《通天榜》四种，其后孔传銶著有《软羊脂传奇》、《软邮筒》和《软锟铻》三种，孔广林著有《东城老父斗鸡忏》、《璇玑锦》、《女专诸杂剧》和《松年长生引》四种，孔昭虔著有《荡妇秋思》和《葬花》两种。戏剧作品虽然不多，但水平很高。孔文卿的《地藏王证东窗事犯》通过地藏王装扮的疯僧揭露秦桧夫妻残害岳飞的故事，《太和正音谱》将其列为杰作，评价"其词势非笔舌可能拟，真词林之英杰也"。孔尚任《桃花扇传奇》"借离合之情，写兴亡之叹"，通过明末复社文人侯方域和秦淮名妓李香君的爱情故事，集中反映明末腐朽动荡的社会现实和朝廷内部的矛盾和斗争，鲜明揭示了南明王朝覆灭的历史教训，流露出深沉的历史感和浓重的家国意识。剧本塑造了一大批性格鲜明、栩栩如生的人物形象，语言以雅为主，雅俗兼备，优美感人，成为中国传统戏剧的代表作之一。孔传銶（1678—1731，衍圣公孔毓圻次子）所作传奇结构完整，叙事严谨细密，故事离奇曲折，西峰樵人曾评价《软锟铻》说："艳词丽句尽堪传，谱合宫商字字圆。若使梨园如此曲，牙箫唱杀李龟年"。孔广林闲暇写剧，偶填散曲，作品多改编自旧有传奇故事，但对故事情节进行了重新架构，人物形象更加丰满，他还将朴学的严谨带入创作之中，每支曲都务求合韵合律。孔昭虔（1775—1835，孔广

孔尚任肖像

森长子）两种杂剧篇幅较短，但以小见大，内容丰富。《荡妇秋思》双线并行，又相互交织，《葬花》将曹雪芹写《葬花词》改为戏曲的形式，都不失为精致小品。

（四）女性文学繁盛

孔氏家族文学还有一个显著的特点，就是拥有众多的女性诗人，从清初开始逐渐形成女性文学群体。女性诗人们在奉祠和相夫教子的同时，与男子一样将心绪付诸笔端吟诗作对，她们中有孔氏女儿，也有嫁入孔府的外姓媳妇，代表诗人有孔丽贞、颜小来、叶粲英、孔璐华、孔淑成、孔祥淑等。

康熙时有颜小来和叶粲英，其后有孔丽贞。

颜小来（1657—1718？），字恤纬。出生于道德书香门第，父亲颜光敏与伯父颜光猷、叔父颜光敔分别于康熙六年、十二年、二十七年考中进士，一母三进士，兄弟颜肇维曾任职礼部仪制司，侄辈颜懋侨、颜懋伦、颜懋价也都出仕。父亲颜光敏是颜回六十七世孙，由中书舍人累迁吏部郎中，清代著名诗人、书法家。受父亲影响，颜小来"少年弄笔研"，开始诗歌创作。嫁与孔兴（燁）为妻，早寡，独居四十余年。工诗，能词，由于家庭关系，与孔尚任、孔丽贞等唱和，著有《恤纬斋诗》、《晚香堂诗》各一卷和《晚香词》不分卷。

颜小来现在存诗近 70 首，词 2 阙，悼亡诗较多，有《哭母前十首》、《哭母后二首》、《七夕忆亡妹》、《元夕挽岸堂》、《挽族祖东塘》、《墓祭》等，显得基调低沉。最能体现其成就的是她孀居生活孤独凄清心境的诗作，如《旧宅梧桐》："三十余年伴寂寥，弹琴调鹤度清宵。别来休问人憔悴，只看梧桐亦半焦。"此类的作品还有《春夜闻笛》、《夏夜》、《秋夜细窗独坐》等，表现诗人在凄冷的心境中度过的一个个春夏秋冬。但颜小来的诗作不似孔丽贞"鹃啼血"那样断肠，而多清幽之境，如《村居》："好静离城市，移家住远村。饲蚕三两簇，分菊十余盆。细雨还栽竹，清风自闭门。日长无个事，课仆牧鸡豚。"

叶粲英（1666—1692），昆山人，山东按察副使方恒第三女，六十七代衍圣公孔毓圻继配夫人。她工诗善画，与姐叶宏湘齐名，有"闺中二难"之称。诗作有《喜母至阙里》、《画兰》等三首传世。《喜母至阙里》："千里迢迢乍解装，喜瞻颜色一称觞。扶持白发团栾坐，翻忆年年梦故乡"，"话久浑忘漏已深，秋灯频剪月华侵。遥怜阿姊曋城住，镇日思亲独自吟"。虽嫁入孔府安富尊荣府邸，但远离昆山，难掩

叶粲英肖像

思念亲人之情。母亲千里迢迢来看望女儿，两人促膝而坐，回忆往事不知不觉已深夜，一幅母女相见的生动场景跃然而出。

孔丽贞（约 1691—1747 后），字蕴光，孔毓圻弟孔毓埏之女，嫁与历城荫生戴文谌为室，早寡，以节赐旌。工诗善画，著有《藉兰阁草》和《鹄吟集》，前集收诗 46 首，后集收诗 200 余首。

孔丽贞早年生活很幸福，与父母朝夕相处，花晨月夕，与父、诸兄、伯父诗酒唱和，才思敏捷，长兄孔传钜就有"咏絮还怜小妹才"诗句。婚前兄长去世，婚后一年，丈夫与幼弟月内相继去世，8 年内父母也谢世，从此心境相当冷寂。诗歌凄如"鹃啼血"，"冷如寒雪"，"声声字字俱呜咽"，既有对亲人的思念，但更多的是"生死魂难聚"四十多年的嫠妇夜哭。她的哭泣既是对亡夫的思念，更是未亡人生命的挣扎。其《哭亡夫》云："亲老妾心悲，哭君无尽期。月圆分镜日，雨滴断肠时。生死魂难聚，幽明路已歧。纵为华表鹤，留语复谁知？"明知阴阳两隔，无法诉说衷肠，可作为活生生的一个人，表达的是"雨滴断肠时"的无尽孤独。她以诗作寄托愁苦思念，因命运的悲苦而触目伤心。对于她的诗作，与她同命相怜的颜小来曾有《点绛唇题孔蕴光女史〈藉兰诗〉后》一词，准确地总结了她诗歌凄、冷、悲的特点:"黄鹄吟余,声声字字俱呜咽。素心凄绝,鸾镜悲残缺。 点笔窗间,树树鹃啼血。冰心洁,冷如寒雪,皎似天边月。"

孔丽贞的诗作水平较高,其《题叶书城夫人绣余草》诗中主人公虽然离群索居,落落无俦,但仍然那样超凡脱俗:"卜宅临江志自伸,柴门常闭不知春。汲泉瀹茗全抛俗,绕舍栽蔬未是贫。曲径花铺鹤梦稳,茅斋雨过燕泥新。只怜落落无俦侣,同调难逢我辈人。"《续修四库全书提要》曾评价说:"其所为诗,清醇绝俗,声律允谐,为闺阁中不可多得者"。

从乾隆朝开始,孔氏家族女诗人开始增多,相继有蒋玉媛(1745—1808,孔传铎孙孔广材妻)、于氏(1755—1823,孔宪培妻)、孙荟玉(1775—1832,孔广森子孔昭虔妻)、孔璐华(1777—1832,孔庆镕姐)、孙会祥(1777—1827,孔传铎曾孙孔昭杰妻)、叶俊杰(1781—1861,孔继汾孙孔昭诚妻)、康氏(1787—1809,孔庆镕弟孔庆銮妻)、汪之惠(1788—1812,孔庆銮继室)、孔昭容(孔传铎孙孔广秀女)、孔淑成(孔广霶女)、叶氏(1794—1817,孔传铎曾孙孔昭佶妻)、惠氏(1801—1830,孔传铎曾孙孔昭芬妻)、司马梅(1808—1828,孔宪彝元配)、朱玙(1811—1845,孔宪彝继配)、孔韫芬(孔昭诚与叶俊杰长女)、孔韫辉(孔韫芬三妹）、孔宪英（孔继涵孙孔昭恢长女）、徐比玉（1813—？孔传铎曾孙孔昭杰三子孔宪庚妻）、孔祥淑（1847—1886）、王墨庄（孔昭荣妻）、刘淑曾（1853—1891，字婉媛，仪征人，孔昭寀妻，著有《林风阁诗抄》一卷）等人，一直延续到清末。

于氏（1755—1823），金坛人，文华殿大学士于敏中第三女，七十二代衍圣公孔宪培（1756—1793）妻，著有《就兰阁遗稿》）。

于氏出身名门，嫁入豪门，生活安逸，诗作多为即景，并无闺阁诗词常见的悲咽之风，而多清新婉丽之气。如《白荷花》："净质仙姿迥不同，素襟披拂玉玲珑。欲从月下寻颜色，只在香飘十里风。"短短四句就将白荷花玲珑素洁之态勾画出来。

于氏39岁丧夫，无子，以夫弟孔宪增长子孔庆镕为嗣，家族产生矛盾，诗作带有些许幽怨，如《春暮感怀》："满城荒草绿成茵，节序相催倍怆神。柳絮方飞三月雨，梨花忽谢一枝春。流莺惊梦临窗唤，乳燕窥人入幕频。独倚栏杆伤往事，幽怀无限泪沾巾。"

孔璐华（1777—1832），七十三代衍圣公孔庆镕女兄，著名经学家阮元（1764—1849）之妻，诰封一品夫人，能诗工画，著有《唐宋旧经楼稿》七卷。

孔璐华幼读《毛诗》，深受诗礼家风的熏陶，诗作因生活的美满而呈现出从容安闲的特点，并具有圣人家特有的富贵气象。如《随祖母阙里迎驾恭纪》诗："箫韶风暖净尘沙，缥缈炉烟吐绛霞。凤辇曾停携半袖，玉音重问赐名花。千章宝炬春光晓，十里旌旗泗水斜。何幸随亲同被泽，皇恩优待圣人家。"写随祖母迎接乾隆皇帝第八次到曲阜祭祀孔子时的情形，礼乐旌旗，场面宏大热烈以及内心升腾的荣幸之感，这年孔璐华仅 14 岁。

孔璐华诗歌创作得益于家学哺育和自然景物的触发，也得益于丈夫阮元的影响。《广东节署新建学海堂》一诗描写丈夫在广州新建学堂，体现了出于圣裔的文化使命感，从而对丈夫兴教育人的高度认同和由衷赞赏："主人羊城节钺久，案牍终朝不释手。馀暇偶登越秀峰，择得一峰辟数亩。略加修筑有堂台，海阔天空眼乍开。夏木千章梅百树，登临遥望兴悠哉。紫澜翠岛摇清目，雨过风生凉满竹。四面窗纱日影微，云树相连满天绿。非为闲游设此堂，为传学业课文章。从今佳士多新作，万卷收来翰墨香。主人素爱研经史，欲美民风莫如此。更助香膏催读书，岭南他日留遗址。吾家尼山虽最高，无此海天好山水。"对丈夫修建学堂非常理解和支持，对丈夫赞美甚至崇拜，显示了夫妻文化上的高度认同和精神追求的趋同以及夫妻间心灵的高度契合。

丈夫阮元身为朝廷官员，公务在身，夫妻不免时有别离，孔璐华用诗歌记录了她的相思之情、孤独之感以及挂牵之心，如《忆外书寄滇南》："拟入京华共旧林，不期滇海久分襟。锦囊但觉新诗少，白发还愁旧病深。万里江湖难放棹，一楼风雨独停琴。致君珍重无多语，惟把丹心答帝心。"夫妻感情甚笃，在"致君珍重"之时，不忘济天下、报君恩的使命，体现出圣裔的特殊身份。

叶俊杰（1781—1861），字柏芳，江夏人，湖南候补府经历、署长沙府通判叶邦祚次女，吴桥知县孔昭诚（1783—1816）之妻，写作俱佳，工于绘画，擅写翎毛花卉，著有《柏芳阁诗抄》。

夫君孔昭诚为衍圣公孔传铎曾孙，孔继汾之孙，34岁早逝。家境贫寒，叶俊杰亲自教育子女，三子宪琮、宪璜、宪恭均考中举人，三女晋孙（韫芬）、芳孙、印孙（韫辉）也嫁入名门，韫芬、韫辉也能吟诗填词，韫辉还善画。此外，她还收从侄媳朱玙为徒，教其写诗，为孔淑成、朱玙诗集作序，辈高年长，俨然是当时女性诗坛的领袖。

叶俊杰诗集未见，《续修曲阜县志》收有叶氏《咏芍药》诗一首，不知是否她所作，孔府所藏毕景桓《蝴蝶册》有其《南乡子》词一阕："浅碧半篙浮，点点飘红逐水流。隐约花奴腰似玉，纤柔，绿影香痕冒一洲。　金粉乍凝眸，葛岭仙衣散不收。却怪桃源春欲去，难留，寻取余芳绕渡头"。

长女孔韫芬诗流传不多，《续修曲阜县志》收一首《水仙花》："金盏银台绝世姿，凌波微步忆当时。诗情未必如君淡，但讶幽香入砚池"。

三女孔韫辉，号昌平女史，工书画，精于花卉、翎毛，长于蝴蝶，曾作《百蝶图》，未成而卒。夫君陈善，字葆初，号心畲，菏泽人，就学曲阜，遂留居不去，夫妇均能诗词，但作品传世不多，《续修曲阜县志》收《水仙花》七绝一首，毕景桓《蝴蝶图册》有其《蝴蝶儿》词一阕："绿迷离，影参差，花房梦入谢家池，玉闺停绣时。　晓露凉罗带，斜阳晒粉衣。南园风景认依稀，扑来还恐飞。"母女题词都是楷书，工整秀美。

孔淑成，字叔凝，乐陵训导孔广鼐之女，诸生颜士银之妻，以子颜锡惠官主事追封安人。她工书善弈，通经史，兼晓算法，7岁能诗，少时随任官祖父生活在黔中，所历山水景物尽入吟诵。29岁而卒，家人搜集遗诗19首，定名《学静轩遗诗》，道光年间刻版印行，叶俊杰为序，咸丰间再刻。

孔淑成英年早逝，诗作数量不多，诗作气势恢弘，乍看不似闺阁之作。如《题画》："轻舟一叶傍江干，山骨苍苍石发寒。安得蹑衣凌绝顶，半天风雨望弥漫。"记录其闺阁生活的《冬日侍母点消寒图》诗取材于生活琐事，显示了家庭和谐幸福的生活："镇日兰闺学绣襦，慈颜看比掌中珠。偶来霁雪三三迳，细点消寒九九图。月影清如今夜好，梅花香似去年无。巡檐索笑浑闲事，乐事萱开韵不孤。"颈联对仗工整，月影梅香交相辉映。

朱玙（1811—1845），字葆英，海盐人，内阁学士兼礼部侍郎朱方增次女，孔宪彝继室。孔宪彝（1808—1863）为六十八代衍圣公孔传铎玄孙，孔昭杰次子，道光丁酉举人，曾官内阁中书，工书画，擅文辞，著有《韩斋文稿》、《绣山诗草》、《对岳楼词》、《韩斋诗话》等十余种。元配司马梅（1808—1828），字梦素，江宁人，青县知县司马庠次女，能诗善画，著有《绣菊斋题画剩稿》。

朱玙婚后拜叶俊杰为师学习诗词，与俊杰三女韫辉同学绘画，画学陈书，楷书宗欧阳询，隶书习《史晨》、《曹全》，接人待物热情有礼，女性姻亲多随其学习，有《小莲花室遗稿》和《金粟词》各一卷。

朱玙夫妻均能诗善书工画，与徐比玉为妯娌。毕景桓《蝴蝶图册》有她一首古风："海棠红亚雕栏曲，柳线初长垂嫩绿。晓起兰窗试采豪，脂痕艳夺花台馥。生香活色阿谁如，初仿滕王第一图。百草浓时蜚款款，百花深处舞薨薨。沉酣香梦萦香国，双宿双飞迷五色。韩凭魂艳幻雕求，谢逸才多吟不得。画史深传鉴赏真，擅名绮阁早殊伦。吾家妙绘传遗泽，又见丹青继起人。"字隶书，出自《史晨碑》，书法秀美。

孔祥淑（1847—1886），字齐贤，祖父孔庆銮是衍圣公孔庆镕之弟，夫君刘树堂为云南保山人，官至浙江巡抚。卒后，其夫收集遗诗八十余首刊成《韵香阁诗草》。

孔祥淑 7 岁随诸兄学习诗文，喜欢涉猎经世之书，胸襟非一般闺阁诗人所能比肩，颇有女中豪杰风范，诗作有大丈夫之气。苕溪生《闺秀诗话》评价说："孔氏所著《韵香阁诗草》中近古体近千首，均苍道高华，洗尽脂粉之气，真闺阁中仅见之才。盖夫人生于曲阜，为亓官氏嫡裔，家学渊源，又随观察宦游万里，故其发为诗歌，迥异凡响，非寻常女子纤靡巧丽之音所能望其项背"，评价十分中肯。孔祥淑诗歌苍劲雄健、气势不凡，在闺阁诗人中实为罕见。这当然得自于她的秉性，但也与她早年随父、婚后随夫宦游蜀、黔、滇、秦、豫、浙有着密切关系。

诗歌从题材上看，她与一般闺阁诗人有所不同，得江山之助，多山水诗，一扫女子诗歌的纤巧，境界雄浑开阔，如《三峡观瀑布》："奇峰秀削插当面，晓起凌虚天一线。轰轰震谷雷乍鸣，重岩陡转飞白练。如烟如雪势奔腾，大珠小珠满地溅。碧潭千尺窈而深，响滴铜壶漏传箭。蛟龙不作尘不染，皎洁水光澈底见。静观顿使道心清，日暮云封犹眷恋。"

描绘三峡瀑布，既有"如烟如雪势奔腾"的巨大声势，又有
"大珠小珠满地溅"的局部特写，而碧潭之水"皎洁水光澈
底见"又能使人清心静观，临飞瀑而得静心，在动与静中表
现景与境的转换。

诗作中咏史题材比较多，仅《读史》组诗就写了18首，
咏史之作遒劲有力，如："鸿濛判天地，清辉并日明。仪型
孚万国，端由内化成。早朝警永巷，失德误倾城。法戒昭古
鉴，尚论贵持平。燕私苟不忝，千载流芳声。"诗作境界雄
阔，时间纵深感强，空间无限寥廓，漫天日月清辉，具有很
强的震撼力。

即使是写给丈夫的诗，孔祥淑有时也能摒除脂粉之气、
儿女情长，虽为女流之辈，却有着开阔的眼界与胸怀，在这
些时候，她更像丈夫的挚友。难怪《闺秀诗话》认为："佐
使君子万民，真不愧为才女、为贤妇也！"她的离别诗也独
具一种别样的进取心，如《留别》："携手河梁上，滔滔水不
波。盈觞愁未解，折柳劝徒歌。红日离时短，青山别后多。
相思期努力，莫负夕阳过。"斟满的美酒不能消除心中的离
愁，折柳留不住远行的脚步，就让相思之情化为加倍的努
力，莫负飞逝的时光。

女诗人们不仅自己创作，而且还互相交流，诗词唱和。
孔丽贞与颜小来诗词唱和，许多喜欢诗词书画的女性姻亲

追随朱玙学习，七十四代衍圣公孔繁灏夫人毕景桓（1813—
1875，毕沅孙女）善画，其《蝴蝶花卉册》上就有朱玙、徐
比玉、叶俊杰、孔韫辉、黄仲媖题写的诗词，为与绘画切
题，孔韫辉选用词牌《蝴蝶儿》，徐比玉选用更加切题的词
牌《蝶恋花》："百样花开香满坞，百草芬芳，凭仗春风度。
惹得罗浮蝴蝶舞，芳丛一一深难数。　艳杀兰闺多妙趣，吮
粉调脂，翻出滕王谱。香气袭人神栩栩，纤纤笔是丹青树。"
女诗人们不仅在女性之间，而且与男性亲友也进行诗词唱
和。颜小来的父亲颜光敏与孔尚任是至交好友，她又嫁入孔
门，与孔尚任诗歌唱和。许多女诗人夫君也能诗，孙苕玉与
孔昭虔，孔璐华与阮元，孙会祥与孔昭杰，王墨庄与孔昭
荣，司马梅、朱玙与孔宪彝，徐比玉与孔宪庚，孔韫辉与陈
善、康氏、汪之惠与孔庆鎏，刘淑曾与孔昭宷，夫妻唱和，
平添了许多生活乐趣。朱玙曾有《酷相思词》寄给孔宪彝：
"欲寄鱼函情脉脉，擘花笺，下笔还迟。休言别恨，莫书憔
悴，只写相思"，被《词话丛编》评价为"斯为林下雅音，
有合温柔敦厚之旨"，不愧为孔氏家族的情诗。孙会祥与丈
夫孔昭杰均能诗，夫妻举案齐眉，诗酒唱酬，50 岁时，丈
夫以诗为寿，戚好门人均唱和，孙会祥也唱和七律一首。

　　女诗人们还惺惺相惜，互相帮助。孔淑成早卒后，朱玙
将其遗作重刊收入《逊敏堂丛书》，叶俊杰作序并与孙兰祥

合校，孙兰祥、朱玙、徐比玉、孔韫辉等人题词。朱玙《小莲花室遗稿》刊行，叶俊杰、徐比玉分别为之作序。她们或挥毫泼墨，或绘画题诗，或诗词酬唱，谁说女子无才便是德？谁说孔氏家族封建保守？

清代阙里孔氏女性诗人从康熙初年一直延续到清末，人数之多，诗作数量之大，并形成一个创作群体，这在任何一个家族都是少见的。究其原因：一是良好的社会环境，政治稳定，经济富庶，文化繁荣，文人们诗画结社，也影响到深闺中的女性，为女性文化的繁荣奠定基础；二是良好的家庭氛围，阙里孔氏诗礼传家，重视教育，女性未出阁前跟随兄弟学习，婚后又受夫家影响，夫妻唱和，共同提高，致使女诗人们大都具有较高的文化素养，许多人还工书善画，如孔淑成"幼敏慧，通经史，工书善弈，兼晓算法"；三是家庭教育的需要，丈夫大多仕宦在外，教子的重任就落在夫人身上，叶俊杰教育有方，三子均中举人，女儿韫芬、韫辉也兼擅诗画；四是家族开明，孔氏家族并不认可"女子无才便是德"，对女性教以妇德、妇言、妇容、妇工的同时，还重视妇才的培养，儿女同室学习是很普遍的现象。正是这些原因，使孔氏女诗人更多的自觉地"统德功于言之中"，追求个体的感性心理欲求与社会理性的纲常伦理相统一，使诗歌体现出温柔敦厚与典雅守正的家族文化精神与传统。

《礼记·经解》说：进入一个国家，就可了解其教化。温柔敦厚，是《诗经》教化的结果；疏通知远，是《尚书》教化的结果；广博易良，是音乐教化的结果；絜静精微，是《易经》教化的结果；恭俭庄敬，是《礼》教化的结果；属辞比事，是《春秋》教化的结果。"其为人也，温柔敦厚而不愚，则是深于《诗》者也。"孔子特重诗教，强调温柔敦厚、兴观群怨、思无邪，后裔以诗言志讽物，"非特衍圣人之道教，即以衍圣公之诗教也"。孔氏后裔虽然坚持诗礼传家的传统，但在文学方面除孔尚任戏剧具有最高水平外，诗文水平不算太高，这是受士大夫"文章，余事也"观念的影响，而更重要的是孔氏重经学而轻文学的传统。

（五）书画艺术

孔子说"志于道，据于德，依于仁，游于艺"，以礼、乐、射、御、书、数"六艺"教育弟子，使弟子们在不断提高品德和研究学问之余优游于"六艺"之中。孔子裔孙遵从祖教，从政之余，耕读之暇，钻研学问的间隙，或临池习书，或图绘丹青，或操琴弄瑟，以陶情怡性，颐养天年。

1. 书法

中国自古重视书法艺术，科举考试中虽然不专考书法，但书法水平也是评判考试成绩的一项重要内容，书法水平的高低也能决定士子们的命运。士子们不仅以书法作为进身的工具，也以此抒发心志，披露胸臆，书法也就成为一门独立的艺术。衍圣公家族也不例外，以书明志，以书达人，成为书法水平较高的文化世家，而女性也不遑多让，出现了王墨庄、朱玙、孔韫辉、徐比玉等女性书法家。

衍圣公虽然不需要以书法进身，但圣人嫡孙的身份受到人们的尊重，请衍圣公题字求书者大有人在，而书法也是人的颜面，所以历代衍圣公大都自幼临池，甚至聘请学问书法皆佳者担任家庭教师，大多衍圣公都具有较高的书法水平。从四十九代孔璠以来，几乎每代衍圣公都有书法作品传世。五十五代孔克坚（1316—1370）书体工整秀丽，泰安岱庙和曲阜尼山书院至今仍然保留着他书写的石碑。五十六代孔希学（1330—1381）工汉隶，以书法名世，京中官员争求墨宝。清代衍圣公大都工书善画。六十七代孔毓圻（1657—1723）擅大字，七十一代孔昭焕（1735—1782）擅行楷，七十三代孔庆镕（1787—1841）善写楹联匾额，字愈大而架构愈紧，七十七代孔德成（1920—2008）擅楷书，尤精篆书，大篆古

《玉虹楼丛帖》局部

拙，小篆清秀。

孔氏族人善书者很多，由于宋代以前没有原作和碑刻遗存，已经难以考察了，宋代至明代碑刻众多，而清朝以来法书和碑刻保存都很多，尤以孔继涑和《玉虹楼丛帖》著名。

孔继涑（1726—1791），字信夫，一字体实，号谷园，别号葭谷居士，六十八代衍圣公孔传铎季子，15岁中秀才，19岁成优贡生。乾隆十三年，皇帝至曲阜祭拜孔子，孔继涑进讲《周易》"临卦"，得到赞赏。乾隆二十一年，为了迎接皇帝到曲阜祭祀孔子，孔府与山东地方官因为派孔氏族人、庙户、佃户当差发生争执，被指为操纵孔府事务、干预地方政务，从而被革去功名。12年后考中举人，从此潜心钻研书法，研究历代金石碑刻，临摹历代书法大家作品，刻成《玉虹楼丛帖》。

《玉虹楼丛帖》共一百零一卷，所以又名《百一帖》，分成十四类，刻石584块，收罗自晋至清历代名碑和书法名家作品，楷、草、行、隶、篆各体具备，为中国丛帖之最。

《玉虹楼丛帖》中保存了南宋《群玉堂帖》和《北魏崔敬邕墓志》等书法孤本。《群玉堂帖》为南宋韩侂胄命门客向若水将家藏书法名迹摹勒上石，韩氏被诛后，其被收入内府，改称《群玉堂帖》，摹刻非常精细，孔继涑临摹的一卷为宋代名人手札，原本下落不明。《北魏崔敬邕墓志》康熙年间出土，不久即佚失。

孔继涑幼年曾聘张照之女，女未婚先卒，但仍然保持了翁婿关系，早年书法深受张照影响，中年之后，转学苏轼、黄庭坚、米芾，晚年更学欧阳询、虞世南、颜真卿，书法深受时人喜爱，与梁同书齐名，时号南梁北孔。

孔氏家族中女性习书者也不少。孔昭诚之妻叶俊杰工书善画，教女儿孔韫烨与侄媳朱玙（孔宪彝继配夫人）书画，楷书学欧阳询，隶书学《史晨碑》和《曹全碑》，叶俊杰、孔韫烨母女楷书风格秀美，朱玙隶书内敛外张，波磔如刀，兼有《礼器碑》风韵。孔昭荣之妻王墨庄善楷书，《续修曲阜县志》称其"工书，能悬臂作蝇头楷，笔力秀劲"。朱玙弟媳徐比玉（孔宪庚妻）、孔淑成也都能书。

2. 绘画

由于史料不足，已经难以考察清代以前衍圣公家族的绘画情况。

清代时，孔氏家族空前兴盛，出现了众多善于绘画的人才，康熙间有孔毓圻、孔衍栻、孔传铎，乾隆间有孔昭焕、孔宪培父子和孔继濣，嘉道间有孔繁灏、孔继珊、孔继熏、孔宪彝、孔广诂等人，此外，还有叶俊杰、毕景桓、朱玙、孔韫辉等女性画家。

从六十七代衍圣公孔毓圻始，几乎每一代衍圣公都善绘画。孔毓圻（1657—1723）擅长画兰，李濬之《清画家诗史》称赞他"墨兰飞舞，笔秀而劲"，洪业称他"善兰竹，秀媚清劲，枝叶生动，笔致精妙，深得湘皖之神。其点缀坡石、苔草、棘茨倍多笔趣，非近日画家所能梦见也"，都给予很高评价。所绘《兰轴》全靠笔中墨色水气，以浓墨勾勒兰草枝叶，以淡墨细绘兰花盛开，并在兰草周围点缀杂草，浓淡相宜，给人清新的感觉。七十一代孔昭焕（1735—1782）善画人物，所绘《伏虎罗汉图》远处以淡墨勾勒出层峦叠嶂，中部为苍劲松树，树下罗汉气定神闲，以手抚虎，老虎温顺服帖，笔法细腻，构图合理，充满宁静之感。七十二代孔宪培（1756—1793）善于画兰，也工花鸟，所作《芙蓉鹭鸶图》线条工细，渲染精微，刻画精致，形神兼备。

族人孔衍栻字懋发，为孔尚任之侄，绘画善用焦墨，并著有《画诀》一卷，涉及绘画立意、取神、运笔、造景、位置、避俗、点缀、渴染、款识、图章十个方面。主张以情造景，直抒胸臆，将客体画作变成主体自我表达的工具，而非刻意追求美观形似，以泼墨豪放之情一改文人画家内敛之风。主张笔用中锋，线条厚、重、实，刚劲有力，体现自然洒脱之风。创立渴染技法，以渴笔瀹染，脱却俗态，别有意趣。孔传铚为孔毓圻次子，善写意山水、花卉，"设色文秀，师法若水、王渊"，所画《游江春雨图》，泼墨山水，远处以淡墨描绘云雾缭绕、层峦叠嶂，中部用重墨图画山脊雄伟，以墨的浅淡表现山势变化，近景以苍松衬托山的伟岸。孔继檊（1746—1817）善画梅，"尤善写影，有横斜浮动之趣"。袁枚之弟袁树《观孔雩谷写梅歌》称他"写梅性与梅性合，崛强潇散随所宜。梅花扑墨墨欲飞，梅梢入笔笔争奇。圆笔细密点织蕊，中锋劲力走柔枝。更从反晕得天趣，一扫五位禅家嗤"。孔宪彝（1808—1863）以画兰梅著称，梅花萧疏古淡，古干横斜，万花攒簇，墨兰萧疏淡远，不染纤埃，所画《青天骑白龙图》，孔昭虔为之题诗说："颔珠稳輠光熊熊，手抱北斗招飞虹。前驱列缺后丰隆，东浴曜灵咸池红。"

衍圣公家族女性也善绘画。六十七代衍圣公继配夫人叶粲英，工诗善画，与姐叶宏湘齐名，有"闺中二难"之称，曾被《画史汇传》著录。道光间，孔氏家族出现了叶俊杰、毕景桓、朱玙、孔韫辉、王墨庄等女性画家群体，她们切磋技艺，题画唱和。叶俊杰工画花鸟，教朱玙与季女孔韫辉绘画，画宗陈书。孔韫辉幼承母教，精花卉翎毛，尤长蝴蝶，曾作《百蝶图》，未成而卒。毕景桓（1813—1875）是七十四代衍圣公孔繁灏之妻，毕沅孙女，精于绘画，擅工笔，喜画花草蝴蝶。《蝴蝶册》有画16幅，并有孔韫辉、叶

毕景桓蝴蝶图

俊杰、朱玙、徐北玉、黄仲娱五位闺中密友题画诗词。画主绘蝴蝶，衬以花草、苔藓和山石，绘制精细。蝴蝶或翩飞空中，或小立花上，或展翅，或扇飞，无不栩栩如生，展册初睹恍如粘贴的蝴蝶标本；花草有白菜、桃叶、红蓼、石竹、海棠、兰草、荷花、蒲公英、豌豆等十数种，无不惟妙惟肖；都显示了作者深厚的绘画功力。

在儒家士大夫眼中，修身、齐家、治国、平天下才是正途，书法、绘画不过是用于消遣的雕虫小技，孔氏家族对其并不重视，这也是造成家族书法、绘画水平并不太高且无大家出现的原因。

结　语

　　孔子学诗学礼的教诲，不仅影响并成就了孔氏家族，也影响并成就了中国士大夫家族。随着孔子思想的对外传播，朝鲜、越南、日本等中国近邻也将孔子思想奉为国家指导思想，学诗学礼也成为众多士大夫家族的家训和家风。

　　中国历代的家训、家规，无不受到孔子学诗学礼的影响。诸葛亮《诫子书》说"才须学也，非学无以广才，非志无以成学"，《颜氏家训》说"士大夫子弟，数岁以上，莫不被教，多者或至《礼》、《传》，少者不失《诗》、《论》"，陆游"子孙才分有限无如之何，然不可不使读书"，朱柏庐《治家格言》也说"子孙虽愚，经书不可不读"，而童蒙读物《三字经》则开列了读书的顺序，"'四书'通，《孝经》熟，如'六经'，始可读"。孔氏学诗学礼的祖训，诗礼传家的家风，几乎影响了每一个中国人。

汉武帝将朝鲜北半部纳入中国版图，设置学校，开展教育，造成全民读书的习尚。新罗时"俗爱书籍，至于衡门厮养之家，各于街衢建造大屋，谓之扃堂，子弟未婚之前昼夜于此读书习射"。高丽时"闾阎陋巷间经馆书舍三两相望，其民子弟未婚者则群居而从师受教，既少长则择友各以其类讲习于寺观，下逮卒伍童稚亦从乡先生学"。理学传入朝鲜后，很快得到传播。朝鲜理学特别重视传承：一种是家族的传承，许多家族或子承父业，或兄弟受业一师，如李谷受学李齐贤，传子李穑，父子高中元朝进士，金长生受业于理学大师李珥，传子金集，父子都从祀朝鲜文庙；一种是学派的传承，朝鲜有重视学派传承的传统，韩国近年编印的《退溪学脉图》收录李滉（1501—1570，号退溪）以下十一代九百多位传承学人，去世最晚的是 1998 年。朝鲜学术传承重学派，促进了学术的发展，产生了一大批理学家，进入朝鲜文庙配祀孔子的理学家就达到 16 人。

日本文化更加重视家族的传承。自称汉灵帝曾孙的阿知使主赴日后子孙赐姓东汉直，把《论语》带入日本的王仁后裔被赐姓为西文首，两家族成为日本的文化世族，到平安时期，东汉直分成菅、江两家，西文首分成清原、中原两家。大宝元年，日本仿照中国设立大学寮，后来博士都是世袭，而且只能嫡传，明经博士为清原家所有，文章博士为菅原家独占。江户时期，大学头为林罗山家族世袭，一直延续了十代。日本学术传承重家族，虽然阻碍了学术的发展，致使日本历史上很少产生思想家，但也推动了日本思想文化的发展。

孔子学诗学礼的家训，孔氏家族诗礼传家的家风，不仅对东亚许多国家思想文化的发展都作出了重大贡献，而且在日益重视传统思想文化的今天，仍然可以发挥重要的作用。

附　录

（一）孔子长孙承袭表

代次	名	字	号	生卒时间	封号	受封时间	备注
2代	鲤	伯鱼		前532—前483	泗水侯	宋崇宁元年（1102）	追封
3代	伋	子思		前48—前402	沂水侯沂国述圣公	宋崇宁元年（1102）元至顺元年（1330）	追封追封
4代	白	子上		享年47岁			齐威王两召为相，不受。
5代	求	子家		享年45岁			楚王召不赴。
6代	箕	子京		享年46岁			为魏相。
7代	穿	子高		享年51岁			楚魏赵三国交聘，皆不就。
8代	谦	子顺		享年57岁			为魏安僖王相。
9代	腾	子襄		享年57岁			汉惠帝时官博士，长沙太守。
10代	忠	子贞		享年57岁			汉文帝时官博士。
11代	武	子威					汉文帝时官博士。
12代	延年			享年71岁			博士，转太傅。
13代	霸	次孺		享年72岁	褒成君	西汉永光元年（前43）	以官拜太师，爵关内侯，食邑八百户。请以食邑奉祀孔子。

代次	名	字	号	生卒时间	封号	受封时间	备注
14代	福			享年73岁	褒成君	西汉绥和元年（前8）	
15代	房				褒成君	西汉建平二年（前5）	
16代	均	长平		享年81岁	褒成侯	西汉元始元年（1）	食邑二千户。王莽时辞官失爵。
17代	志				褒成侯	东汉建武十四年（38）	
18代	损	君益			褒成侯	东汉永平十五年（72）	永元四年改亭侯，食邑一千户。
19代	曜	君曜			褒成侯	东汉延光三年（124）	
20代	完				褒成侯	东汉建宁二年（169）	
21代	羡	子余			宗圣侯	魏黄初二年（221）	食邑一百户。孔完弟之子。
22代	震	伯起		享年75岁	奉圣亭侯	西晋泰始三年（267）	食邑二百户。
23代	嶷	成功		享年57岁	奉圣亭侯	东晋太宁三年（325）	孔嶷一作孔亭。
24代	抚				奉圣亭侯	东晋	《家谱》记，史书未载。
25代	懿			享年61岁	奉圣亭侯	东晋	《家谱》记，史书未载。

代次	名	字	号	生卒时间	封号	受封时间	备注
26代	鲜	鲜之			奉圣亭侯	宋元嘉十九年（442）	因兄子熙先谋反，元嘉二十二年夺爵。
27代	乘	敬山			崇圣大夫	北魏延兴三年（473）	食邑五百户，并给十户供洒扫。
28代	灵珍			享年58岁	崇圣侯	北魏太和十九年（495）	食邑一百户。
29代	文泰			享年59岁	崇圣侯		《家谱》记，史书未载。
30代	渠				崇圣侯		《家谱》记，史书未载。
31代	长孙			享年64岁	崇圣侯邹国公	北齐天保元年（550）北周大象二年（580）	食邑一百户
32代	嗣悊			享年70岁	绍圣侯	隋大业四年（608）	食邑一百户。
33代	德伦			享年71岁	褒圣侯	唐武德九年（626）	朝会位同三品。
34代	崇基			享年56岁	褒圣侯	武周证圣元年（695）	授朝散大夫。
35代	璲之	藏晖			褒圣侯文宣公	唐开元五年（717）唐开元二十七年（739）	国子四门博士，阶通直郎。兼兖州长史。

续表

代次	名	字	号	生卒时间	封号	受封时间	备注
36代	萱				文宣公	唐上元二年（761）	兼兖州泗水令。
37代	齐卿				文宣公	唐建中三年（782）	授兖州功曹，转青州司兵参军。
38代	惟晊			享年65岁	文宣公	唐元和十三年（818）	授兖州参军。
39代	策			享年57岁	文宣公	唐会昌二年（842）	会昌元年曾迁尚书博士。
40代	振	国文		享年74岁	文宣公	唐咸通四年（863）	状元。曾官监察御史、员外郎。
41代	昭俭			享年61岁	文宣公	唐	兼曲阜令。
42代	光嗣	斋郎		872—913		唐天佑二年（905）	泗水主簿，失爵。
43代	仁玉	温如		912—956	文宣公	后唐长兴三年（932）	后周广顺二年赐五品服。
44代	宜	不疑		享年46岁	文宣公	宋太平兴国三年（978）	授太子右赞善大夫，迁殿中丞。
45代	延世	茂先		享年38岁	文宣公	宋至道三年（997）	
46代	圣佑			997—1026	文宣公	宋天禧五年（1021）	光禄寺丞，知仙源县事。
	宗愿				文宣公衍圣公	宋宝元二年（1039）宋至和二年（1055）	国子监主簿，仙源知县。孔圣佑从弟。

续表

代次	名	字	号	生卒时间	封号	受封时间	备注
47代	若蒙	公明			衍圣公	宋熙宁元年（1068）	元符元年坐事废，弟若虚袭。
	若虚	公实			奉圣公	宋元符元年（1098）	
48代	端友	子交			衍圣公	宋崇宁三年（1102）	若蒙子。建炎二年南迁，寓居浙江衢州。
49代	南 玠	锡老			衍圣公	宋绍兴二年（1132）	端友弟端操子。南宗。
	北 璠	文老		1103—1140	衍圣公	伪齐阜昌四年（1133）	端操子。金天眷三年封，先卒。
50代	南 搢	季绅			衍圣公	宋绍兴二十四年（1154）	
	北 拯	元济		1136—1161	衍圣公	金皇统二年（1142）	无后。
	捴	元会		1138—1190	衍圣公	金大定三年（1163）	孔拯之弟。
51代	南 文远	绍先			衍圣公	宋绍熙四年（1193）	
	北 元措	梦得		1181—1245	衍圣公	金明昌二年（1191）蒙古太宗五年（1233）	视四品，实八品，后晋中议大夫，从五品上。孔捴子，无后。
52代	南 万春	耆年			衍圣公	宋宝庆二年（1226）	
	北 之全	工叔			权衍圣公	元太祖二十一年（1226）	蒙古太宗五年免，袭曲阜县令。

续表

代次		名	字	号	生卒时间	封号	受封时间	备注
53代	南	洙	景清			衍圣公	宋绍定四年（1231）	元至元十九年免，授国子祭酒。
	北	浈	昭度			衍圣公	元宪宗元年（1251）	次年因游猎罢。元措弟之孙。
		治	世安			衍圣公	元元贞元年（1295）	元用之孙，之全之子。
54代		思诚				衍圣公	元	孔治之子，延祐三年因支庶罢。
		思晦	明道		1267—1333	衍圣公	元延祐三年（1316）	孔宗愿三子孔若愚之后。
55代		克坚	璟夫		1316—1370	衍圣公	元至元六年（1340）	中奉大夫，从二品。礼部尚书。
56代		希学	士行		1335—1381	衍圣公 衍圣公	元至正十五年（1355） 明洪武元年（1368）	令朝会位班上相后。
57代		讷	言伯		1358—1400	衍圣公	明洪武十七年（1384）	令朝会班文臣首。
58代		公鉴	昭文		1380—1402	衍圣公	明建文二年（1400）	
59代		彦缙	朝绅		1401—1455	衍圣公	明永乐八年（1410）	赐诰、服饰视一品。
60代		承庆	永祚		1429—1450	赠衍圣公	明景泰六年（1455）	未袭先卒。
61代		弘绪	以敬	南溪	1448—1504	衍圣公	明景泰元年（1450）	成化五年因宫室逾制夺爵。

续表

代次	名	字	号	生卒时间	封号	受封时间	备注
61代	弘泰	以和	东庄	1450—1503	衍圣公	明成化五年（1469）	弘绪弟。
62代	闻韶	知德	成庵	1482—1546	衍圣公	明弘治十六年（1503）	弘绪子。
63代	贞干	用济	可亭	1519—1556	衍圣公	明嘉靖二十五年（1546）	
64代	尚贤	象之	龙宇	1544—1621	衍圣公	明嘉靖三十五年（1556）	二子早卒，以从弟尚坦子袭。
65代	胤植	懋甲	对寰	1592—1647	衍圣公	明天启元年（1621）	天启七年加太子太保，明崇祯三年晋太子太傅。
66代	兴燮	起吕	辅垣	1636—1667	衍圣公	清顺治五年（1648）	七年晋太子少保，八年晋少保兼太子太保，十三年晋光禄大夫，正一品。
67代	毓圻	钟在	兰堂	1657—1723	衍圣公	清康熙六年（1667）	十四年晋太子少师。
68代	传铎	振路	牖民	1673—1735	衍圣公	清雍正元年（1723）	
69代	继濩	体和	纯斋	1697—1719	赠衍圣公	清雍正十三年（1735）	未袭先卒。
70代	广棨	京立	石门	1713—1743	衍圣公	清雍正九年（1731）	
71代	昭焕	显文	尧峰	1735—1782	衍圣公	清乾隆九年（1744）	

代次	名	字	号	生卒时间	封号	受封时间	备注
72 代	宪培	养元	笃斋	1756—1793	衍圣公	乾隆四十八年（1783）	原名宪允，乾隆帝更名为宪培。
73 代	庆镕	陶甫	冶山	1787—1841	衍圣公	乾隆五十九年（1794）	孔宪培弟宪增之子。
74 代	繁灏	文渊	伯海	1806—1862	衍圣公	道光二十一年（1841）	
75 代	祥珂	观堂		1848—1876	衍圣公	清同治二年（1863）	
76 代	令贻	燕庭		1872—1919	衍圣公 衍圣公 衍圣公	清光绪三年（1877） 民国二年（1913） 伪洪宪元年（1916）	加郡王衔。
77 代	德成	达生		1920—2008	衍圣公 大成至圣先师奉祀官	民国九年（1920） 民国二十四年（1935）	特任官待遇。

（二）祖训箴规

襲封衍圣公府为申明礼仪事。尝闻木之有本，本之盛者木必茂，水之有源，源之深者流必长，此皆理势之自然明著而易见者。我先祖宣圣，万世礼乐宗师，德配天地，奕世教学模范，道冠古今。子孙蕃庶，难以悉举，故或执经而游学，或登科而筮仕，散居四方，所在不乏，然虽涣犹之聚也。今据族人等具有始终本末，请颁祖训箴规，等因。可谓兴水木本源之念，不忘世系。所从所愿，合行给榜开其条件，于以昭有德，于以示将来，不事繁文，永为遵守。须至榜者。

计开：

一、春秋祭祀，各随土宜，必丰必洁，必诚必敬。此报本追远之道，子孙所当知者。

二、谱牒之设，正所以联同支而亲一本。务宜父慈子孝，兄友弟恭，雍睦一堂，方不愧为圣裔。

三、崇儒重道，好礼尚德，孔门素为佩服。为子孙者勿嗜利忘义，出入衙门，有亏先德。

四、孔氏子孙徙寓各府州县，朝廷追念圣裔，优免差

傜，其正供国课只凭族长催征。皇恩深为浩大，宜各踊跃输将，照限完纳，勿误有司奏销之期。

五、谱牒家规，正所以别外孔而亲一本，子孙勿得勾相眷换，以混来历宗枝。

六、婚姻嫁娶，理伦守重。子孙间有不幸再婚再嫁，必慎必戒。

七、子孙出仕者，凡遇民间词讼，所犯自有虚实，务从理断而哀矜勿喜，庶不愧为良吏。

八、圣裔设立族长，给予衣顶，原以总理圣谱，约束族人，务要克己秉公，庶足以为族望。

九、孔氏裔孙，男不得为奴，女不得为婢，凡为职官者不可擅辱。如遇大事，申奏朝廷，小事仍请本家族长责究。

十、祖训家规，朝夕教训子孙，务要读书明理，显亲扬名，勿得入于流俗，甘为人下。

衍圣公于明万历十一年（1583）制定颁布

编辑主持：方国根　李之美

责任编辑：方国根

版式设计：汪　莹

图书在版编目（CIP）数据

曲阜孔氏家风／孔祥林　著．－北京：人民出版社，2015.11

（中国名门家风丛书／王志民　主编）

ISBN 978－7－01－015092－5

I.①曲…　II.①孔…　III.①家庭道德－曲阜市　IV.① B823.1

中国版本图书馆 CIP 数据核字（2015）第 173535 号

曲阜孔氏家风
QUFU KONGSHI JIAFENG

孔祥林　著

人 民 出 版 社 出版发行

（100706　北京市东城区隆福寺街 99 号）

北京汇林印务有限公司印刷　新华书店经销

2015 年 11 月第 1 版　2015 年 11 月北京第 1 次印刷

开本：880 毫米 ×1230 毫米 1/32　印张：6.875

字数：120 千字

ISBN 978－7－01－015092－5　定价：23.00 元

邮购地址 100706　北京市东城区隆福寺街 99 号

人民东方图书销售中心　电话（010）65250042　65289539